高等院校视觉设计系列教材

西文排版设计基础与训练

BASIC TYPOGRAPHY AND EXERCISES

彭璐　曹向晖　著

中国建筑工业出版社

图书在版编目（CIP）数据

西文排版设计基础与训练 = BASIC TYPOGRAPHY AND EXERCISES / 彭璐，曹向晖著 . -- 北京：中国建筑工业出版社，2024. 8. --（高等院校视觉设计系列教材）.
ISBN 978-7-112-30219-2

Ⅰ. TS881

中国国家版本馆 CIP 数据核字第 2024QK4110 号

教材配套资源 PPT 课件下载说明：
本书赠送配套资源 PPT 课件，获取步骤：登录并注册中国建筑工业出版社官网 www.cabp.com.cn→输入书名或征订号查询→点选图书→点击配套资源即可下载。（重要提示：下载配套资源需注册网站用户并登录）
客服电话：4008-188-688（周一至周五 8：30-17：00）。

责任编辑：李成成
责任校对：赵　力

高等院校视觉设计系列教材
西文排版设计基础与训练
BASIC TYPOGRAPHY AND EXERCISES
彭璐　曹向晖　著
*
中国建筑工业出版社出版、发行（北京海淀三里河路 9 号）
各地新华书店、建筑书店经销
北京雅盈中佳图文设计公司制版
北京富诚彩色印刷有限公司印刷
*
开本：787 毫米 × 1092 毫米　1/16　印张：11　字数：207 千字
2024 年 12 月第一版　　2024 年 12 月第一次印刷
定价：**79.00** 元（赠课件）
ISBN 978-7-112-30219-2
（43014）

前　言

众所周知，西文字体与排版设计规范经过近千年的发展，已经形成一套成熟的设计原则和方法，了解这些原则和方法不仅能够对中文字体和排版设计进行深入的比较研究，还可以用“拿来主义”的态度为中国设计师提供不一样的排版创意与思路。

笔者第一次接触西文字体和排版设计始于 2016 年瑞士苏黎世艺术大学与北京服装学院艺术设计学院联合主办“瑞士设计工作营”系列课程，包括：基础排版（Basic Typography）、海报与音乐（Poster & Music）、西文字体设计（Type Design）三部分内容，由四位瑞士设计师鲁道夫·巴米特尔（Rudolf Barmettle）教授、汉斯·于尔格·亨齐克（Hans Jürg Hunziker）① 教授、乔纳斯·尼德尔曼（Jonas Niedermann）② 与雷莫·卡米那达（Remo Caminada）③ 授课，历时一个月，使笔者对西文字体和排版设计有了初步的认识。

该课程共持续了四年，期间鲁道夫教授又捐赠了传统排印打样机（Vandercook 4C）和大量西文铅字。这些教学物料漂洋过海来到中国，为北京服装学院艺术设计学院字体实验室的建立奠定了坚实的基础，为之后这里持续不断地组织国内外字体和排版设计相关的工作坊、论坛等教学交流活动提供了良好的条件。

2017~2018 年，笔者有幸赴瑞士访学，期间在苏黎世艺术大学的字体排印实验室，再一次师从鲁道夫教授，在他开设的基础排版课程中更加完整、系统地学习了西文字体与排版设计的基础知识。同时，又在瑞士卢塞恩应用科学与艺术大学学习了印刷字体（Type in Print）和屏幕字体（Type in Screen）两门课程，进一步研究了西文字体与排版设计的理论知识与训练方法。

本书第 1、2 章主要讲解了西文排版设计的基础知识，包括西文排版的基础术语、测量单位及字体分类。第 3、4 章主要梳理了西文排版设计的基本规律，并在此基础上进行排版实践训练。如鲁道夫教授所说“只有充分地认识限制，才能最终摆脱限制”，所以第 5、6 章是在实践“认识限制后如何摆脱限制”的训练方法，其要义在于引导学生运用“有意味的（编排）形式”去传达信息，既要让语义精准，又要让形式精彩。

① 汉斯·于尔格·亨齐克（Hans Jürg Hunziker），瑞士知名字体设计师，瑞士国家设计奖获得者，苏黎世艺术大学教授，代表作品包括西门子（Siemens）定制字体（西文部分），Helvetica Compressed 字体设计，Swiss 911 专用字体等）。

② 乔纳斯·尼德尔曼（Jonas Niedermann），瑞士字体设计师，海报设计师，Niedermann 工作室创始人。

③ 雷莫·卡米那达（Remo Caminada），海报设计师，红点奖评审，音乐家。

了解和掌握西文排版设计的方法和要义是在人类命运共同体语境下提倡中华文化自信的必要前提，知彼方能更好地知己，如此，双方才能更好地沟通与交流。这正是我们今天学习西文排版设计的一个重要原因。

彭璐　2024 年 10 月

目　录

第 3 章　西文排版设计基本规律

第 4 章　西文排版设计基础训练

第 5 章　西文排版设计形式训练

1 第 1 章 西文排版设计基础术语

本章讲解了西文排版设计的基础术语，包括字体，字型，字形，排印，铅活字，排版单位点、派卡以及大写字母和小写字母，小型大写字母，全角与半角，阿拉伯数字的概念和范畴。

英语、德语、法语、意大利语、西班牙语、葡萄牙语等语言被归类为印欧语系中的罗曼语族，这些语言在语音、语法和词汇上有很多相似之处。在罗曼语族中，英语是全世界通用性最高的一种语言。基于此，本书书名中提到的“西文”，主要指英文，部分适用于欧美国家和地区所使用的罗曼语族。本书主要内容为英文排版设计的基础术语与认知、基本规律、基础训练等。

字体（Font）

字体（Font）传统英式英语中的拼写为“Fount”，源自中古法语“Fonte”一词，指“被熔化的、铸造的”。字体指的是一组字母数字符号的实体形象，这个实体形象在活字印刷时代指按照某种设计统一制作的相同字号的一套活字。当今指电脑软件中的字库。

字型（Typeface）

字型的英文“Typeface”由“Type”和“Face”两个词组合而成，顾名思义强调文字的“样貌”，指的是这些字符的视觉整体设计。

字型通常包括字母、数字、标点符号等基本字符的设计，以及字体在不同字号、字宽、字重等方面的变化。字型可以有不同的种类，例如衬线字体（Serif）、无衬线字体（Sans-serif）、手写体（Handwriting）、艺术字体（Script）、黑体（Bold）和斜体（Italic）等。这些不同种类的字型可以用于不同的场景，表达不同的情感和氛围。

字形（Glyph）

字形是字体中的一个基本单元，它是指一个特定的字符或符号的视觉表现形式。一个字体可以包含多个字形，每个字形代表不同的字符或符号。如果在 Illustrator、InDesign 软件的文字菜单点选“字形”，就可以看到一款字体里所配备的所有字形。

字形通常由独特的形状、线条和曲线组成，这些形状、线条和曲线被安排在一个规定的空间内，以便表示一个特定的字符或符号。例如，字母“A”和“a”是两个不同的字符，它们在字体中通常由两个不同的字形表示。

	!	"	#	$	%	&	'	(	)	*	+	,	-	.	/	0	1	2	3	4	5
6	7	8	9	:	;	<	=	>	?	@	A	B	C	D	E	F	G	H	I	J	K
L	M	N	O	P	Q	R	S	T	U	V	W	X	Y	Z	[	\	]	^	_	`	a
b	c	d	e	f	g	h	i	j	k	l	m	n	o	p	q	r	s	t	u	v	w
x	y	z	{	|	}	~			¡	¢	£	¤	¥	¦	§	¨	©	ª	«	¬	-
®	¯	°	±	²	³	´	µ	¶	·	¸	¹	º	»	¼	½	¾	¿	À	Á	Â	Ã
Ä	Å	Æ	Ç	È	É	Ê	Ë	Ì	Í	Î	Ï	Ð	Ñ	Ò	Ó	Ô	Õ	Ö	×	Ø	Ù
Ú	Û	Ü	Ý	Þ	ß	à	á	â	ã	ä	å	æ	ç	è	é	ê	ë	ì	í	î	ï
ð	ñ	ò	ó	ô	õ	ö	÷	ø	ù	ú	û	ü	ý	þ	ÿ						

字体 Baskerville 标准字库的字形列表

排印（Typography）

Typography 译为排印，本书称为排版设计，是通过排版使文字变得易认、易读和优美的技艺。组成“Typography”的词根是“Type”（字体）和“Graphy”（绘图），因此它的字面意思是用字体绘图，用生动、适宜的排版呈现方式使文字清晰地展示内容，使读者的阅读行为尽量少地受到阻碍。

“Typography”这个词来自铅字时代，当时指活字排版并付印。今天我们不应该将其简单理解为“排列文字”，可理解为以视觉上的方式排列字母、符号、空格和其他可印刷的元素，以便更好地传达信息和吸引读者。排版不仅涉及文字和字体的选择，而且包括文字大小、颜色、行距、字距和排列方式等元素的设置。“Typography”（排印 / 排版）多强调文字的编排，而“Layout”（版式设计）指页面或屏幕上文字与图像等元素的整体设计。本书书名中的“排版设计”（typography）指使用文字，而非图形进行信息传达设计训练。

英语铅活字
（北京服装学院字体实验室，笔者拍摄）

在传统活字印刷时代，排版的对象是活字，而当今桌面出版引入的数字字体，则可视其为数码活字。无论是纸媒还是屏幕媒体排版的终极目的不会改变。良好的排版可以帮助提高文本的可读性和吸引力，从而更好地传达信息和吸引读者的注意力。

排印（Typography）内涵丰富，可以指手工技艺或排版印刷的工艺（The art of manual skill or the process of compositing and printing of types.）；也可以指打印产品的计划选择和类型设置（The planning selection and setting of types for a print product.）；还可以指视觉交流的整体，其类型是印刷语言的外部形式（The entirety of visual communication with type as the exteral form of language in print.）[①]。

中文宋体铅活字
（北京服装学院字体实验室，笔者拍摄）

① 根据鲁道夫：北京服装学院艺术设计学院“瑞士设计工作营”基础文字排版课程笔记整理。

铅活字（Letter）

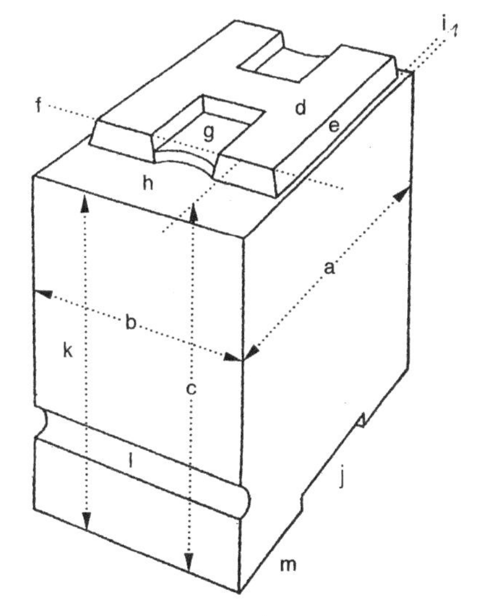

a= 字号（Type Size/Body Size）
b= 字宽（ Set/width ）
c= 铅字高（Type Height/Height to paper）
d= 字面（ Face ）
e= 字颈（Bevel）
f= 基线（Baseline）
g= 字腔（Counter）
h= 字须（Beard）
i= 边空（Bearing）
j= 凹槽（Groove）
k= 字肩高（Shoulder Height）
l= 字缺（Nick）
m= 字足（Feet）

铅活字“H”各部分名称（笔者整理）

图中的“a”按照英文“Type Size/Body Size”直译指该铅活字的尺寸，即字号。拉丁字母与中文方块字不同，字母实际的字面高度参差不齐，尤其小写字母，有的只占“x”高，有的占到上升部，有的则位于下降部，但是字母的字号不是用该字母字面的绝对高度来测量的，而是用铅块的高度测量。对于中文为母语的读者而言，这点容易使其感到迷惑。

图中“b”是字宽，指铅块的宽度。可以看到“b”这个部分实际上包括了铅字字母本身字形的宽度以及左右边空即“i”的部分。

“c”是铅字高，就是整个铅字块的总高度，包含凸起部分文字的高度。

“d”是字面，实际上就是我们在做字体设计时主要关注的部分，即“Type Face”的区域，具体指字体的样貌。

“e”指铅活字顶部的斜面，位于字母主体的周围，用来减少字母边缘的锋利度，以便更好地嵌入纸张，从而达到更清晰的印刷效果。

“f”是基线，顾名思义，这是在英文的书写里最重要的一根基本线。

“g”是字腔或字怀，即字母的内部空间。图中铅活字“H”的字腔没有闭合，叫开放字腔。如字母“O”内部的空白，叫封闭字腔。

“h”是字须，指字母或符号的正面与活字块边缘之间的空隙。这个区域不参与印刷，它的存在用于确保字母周围有足够的空间，从而防止印刷时出现多余的痕迹或污迹。

“i”是边空，指活字块上每个字母或符号左右两侧的空白空间。“i”的存在决定了字母之间的距离，影响了排版时的字距和整体可读性，避免了字母间距过密或过疏。边空包括左边空（Leftside Bearing）和右边空（Rightside Bearing）。

“j”是凹槽，指活字块上用来引导或定位的细长凹陷或槽口。帮助确保字块在排版框中对齐，以防止活字在印刷过程中旋转或移位。

“k”是字肩高，指铅块除去凸起文字部分的高度。

“l”是字缺，指在排印的时候，铅块以有缺口的这一面，正对排印者，也以缺口的形状判断是否为一套字体。

“l”和“j”制作精致与否，可以看出铅块本身的质量是否优良。

“m”是字足，如同铅字块的“脚”。

四个小写字母的字面形态各有特征，字母“o”只占“x”字高，而“b”“a”和“f”则同时占用“x”高和上升部。（北京服装学院字体实验室，笔者拍摄）

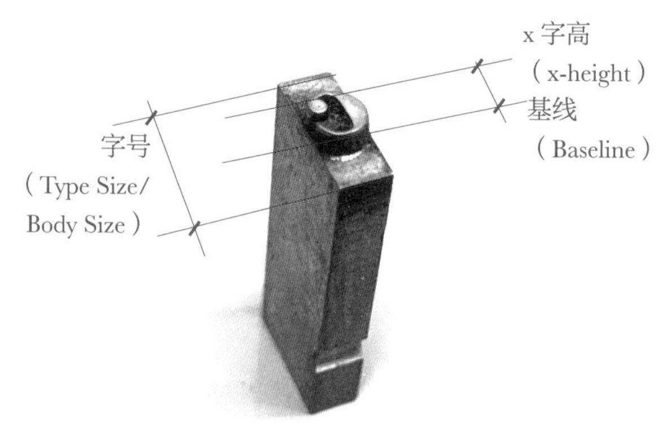

铅活字母“c”的各部分名称。（北京服装学院字体实验室，笔者拍摄）

如下图，大写字母“H”、小写字母“x”下方划过的一条假想的线称为“基线”（Baseline），大写字母“H”上方划过的线叫“大写线”（Capital Line）；小写字母“x”上方划过的线叫“中线”（Mean Line / Mid Line）；从基线到大写线的高度叫“大写高”（Capital Height）；从基线到中线的高度叫“小写高”，也称为“x 字高”（x-height），指小写字母中不带升部和降部的字母高度。

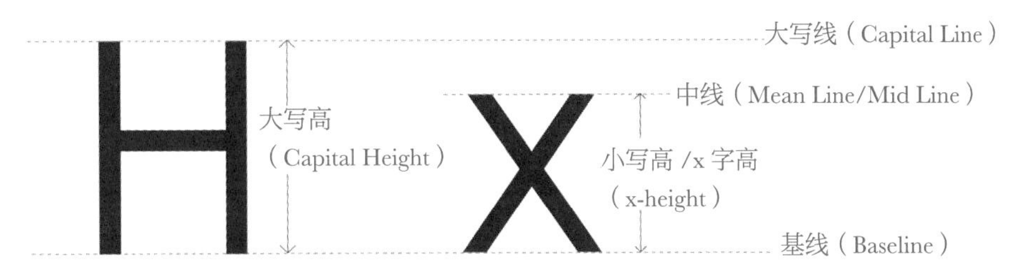

大写高与小写高位置示范（笔者绘）

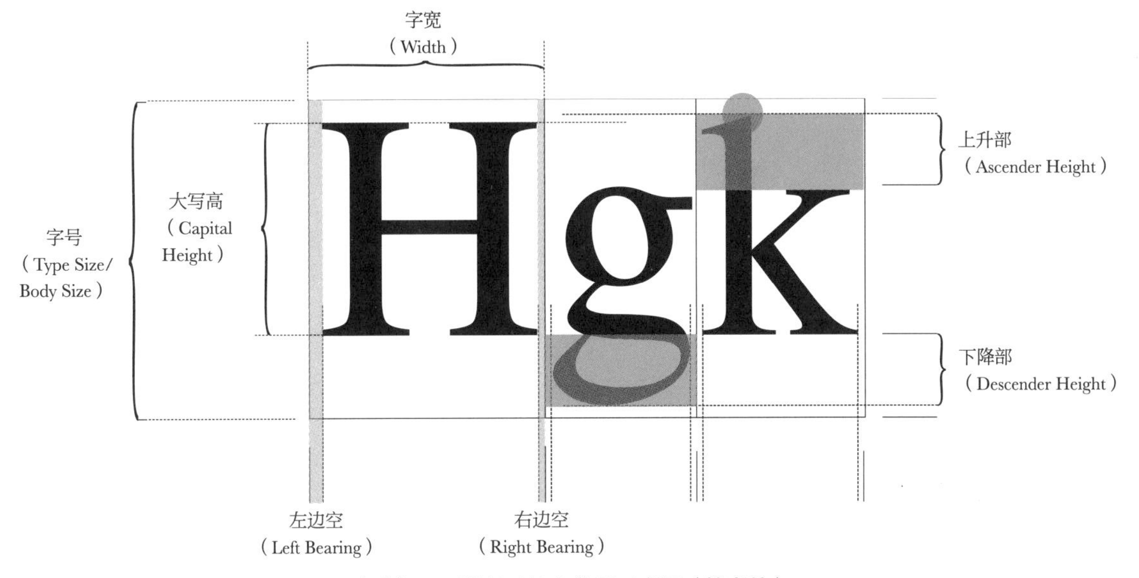

上升部、下降部及边空位置示意图（笔者绘）

上升部是指字母的笔画超出 x 高以上的部分，如上图中字母“k”的标红部分，即从字母基线到升部顶端的垂直距离。相反，下降部是指字母中从基线向下延伸的部分的高度，如上图中字母“g”的标红部分。上升部和下降部的高度决定了字体在排版中的垂直比例，对字体的整体视觉效果和可读性有重要影响，而左右边空的设置则影响了字母间的距离。

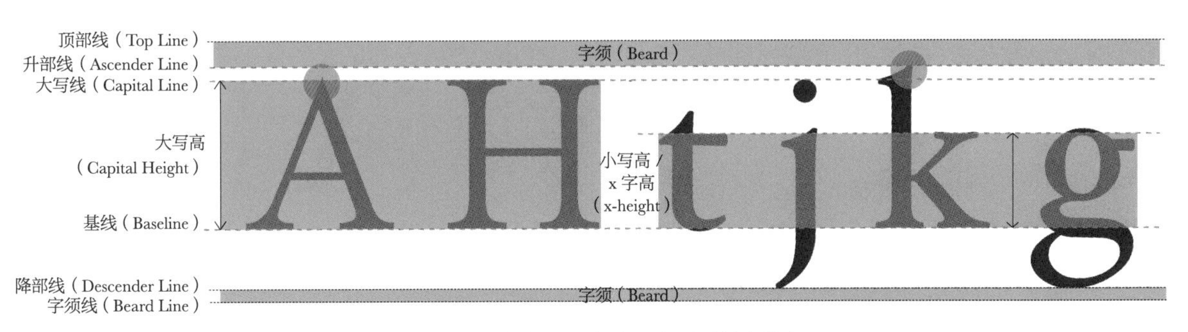

各部分基准线位置及名称示意图（笔者绘）

大写线和升部线的高度可能重合，也可能不同。一般来说，升部线要稍微高一些。如此页上图中字母“k”的顶点及下页图中“A”“k”字母的最高点都要比以大写字母“H”为基准的大写线更高，这样做是为了让字母从视觉上看起来高度一致。值得注意的是，也有一些无衬线字体的大写线和升部线是一样高的。

字母笔画末端特别的突起部分，叫衬线（Serif），能够赋予字母更多的装饰和结构。

衬线按形态和粗细可分为：弧形衬线、极细衬线、粗衬线等类型，以构成不同的字面特征。

字母的内部空间称作字怀（Counter），或译作字腔，“D”字母这样完全封闭的空间叫封闭字怀，“c”“H”字母这样向外侧开放的形状称为开放字怀，又叫开放字腔。

构成字母的笔画中，垂直竖线的部分叫字干（Stem）。

笔画中圆弧的部分叫字碗（Bowl）。

Q、R 向右下延伸的笔画叫字尾（Tail）。

十字交叉的水平笔画叫横棒（Crossbar）。

某些罗马体里出现的非常细的笔画，称为极细线或发丝线（Hairline）。

点、派卡 /Point、Pica

生活中较常见的绝对测量单位包括毫米（Millimeter，简写 mm）、厘米（Centimeter，简写 cm）、英寸（in.，Inch）、点（pt，Point，印刷术语，长度为 1 点 =1/72 英寸）以及派卡（pc，Pica，印刷术语，长度为 1 派卡 =12 点（Points），"px（Pixels）"指像素的尺寸。

电脑排版系统出现以前，点数制是字体大小的主要计量制度，包括铅字、照相照排、激光照排技术时代都通用。点数是印刷行业用来测量一种字体"字模"（铸字的模具）大小的计量单位，用来指定行长、印刷位置等，这种计量主要指文字块的高度。

历史上有两种不同标准的点数体系，分别为：用于欧洲大陆的迪多点（Didot Point）是由法国牧师塞巴斯蒂安・迪多特（Sebastien Didot）和弗朗索瓦・迪多特（Francois Didot）发展而来，1 点 ≈0.376065 毫米；另一种是英美派卡（Pica）点制，1 英寸 =0.3514598 毫米。

目前广泛采用的点系统是 Adobe 公司在 1985 年发布的 PostScript 打印语言中定义的。PostScript 中的 1 点 =1/72 英寸 =0.3527785 毫米，这一标准广泛用于计算机排版和桌面出版。

设计师通常熟悉点（Point）的使用，而开发人员更习惯于像素，因此在沟通时，需要知晓二者之间的换算：

1 Inch=25.4 毫米（mm）

1 Inch= 72 点（pt）（在传统印刷标准中，1 Inch = 72 Points）

1 Inch= 96 像素（px）（在屏幕分辨率为 96dpi 的情况下，1 Inch = 96 Pixels）

这些单位之间的转换依据不同的标准（如打印和屏幕显示的分辨率），具体的 px 值可能会随屏幕分辨率变化而变化。

点与我们日常生活中使用的长度单位之间的换算如下：

12 Point = 1Cicero = 4.513mm

8 Point = 3mm

1/2 Point=0.188mm = Spatium/Hair space

用钢尺测量铅活字（北京服装学院字体实验室，笔者拍摄）

上图中的钢尺是铅字测量工具，显示出字体排印的度量单位西塞罗和公制单位厘米之间的对应关系，1 西塞罗相当于 12 迪多点，1 厘米 =10 毫米。26 西塞罗 8 点相当于 12 厘米。其度量标准是“计行尺”，长 30 厘米，即 798 点，相当于一法尺。

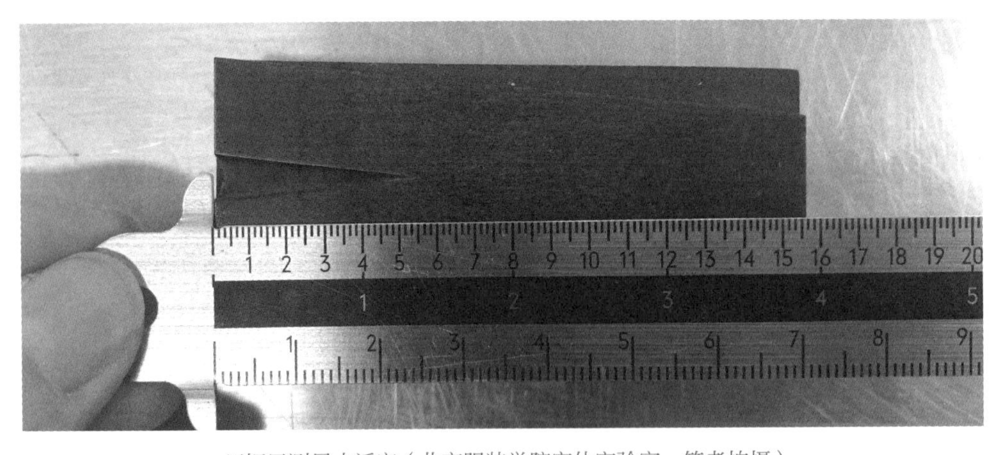

用钢尺测量木活字（北京服装学院字体实验室，笔者拍摄）

照片中的木活字用钢尺进行测量可知占用 15 个大格，每个大格就是一个 1 西塞罗即 12 点，还有 4 个小格，每小格是 2 个点，总共是 15×12 points+4×2 points=188 points，也就是说，此木活字的字号大小是 188 点。

大写字母和小写字母（Capital Letter & Small Letter）

ALPHABET　Alphabet

大小写字母高度变化图示（笔者整理）

我们是通过辨别字母行的形状来阅读，这需要对外部形状和字母内部空白区域的结构进行识别。在英语的书写中，大写字母通常用于特定的场合，如句首、人名、地名、品牌名称、首字母缩略词等。

相比之下，小写字母是英语书写中常见的形式，因为它们更容易阅读和理解，而且在视觉上更加和谐和平衡。只用大写字母的单词或句子，看起来像一个没有任何特征的长方形，不利于大脑识别，且在版面中需要占用更多空间。小写字母则由于有上升部和下降部，会形成上下错落的字形轮廓，因而能够被更加快速地认别和阅读。

如图，对于识别而言，单词或句子上半部的造型比下半部分更容易被识别。

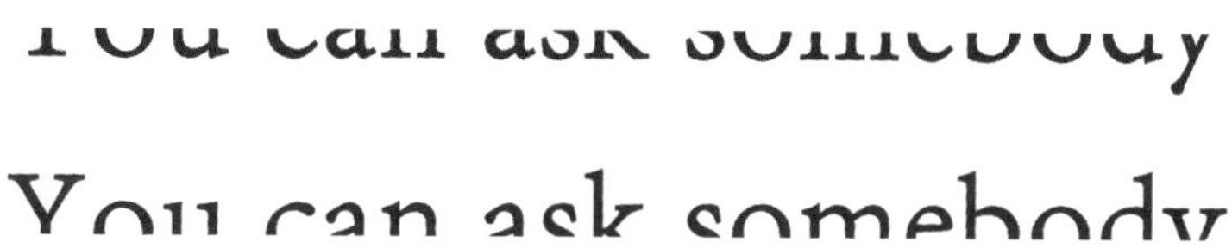

You can ask somebody

You can ask somebody

EXETER　Exeter
KEIGHLEY　keighley
BRISTOL　Bristol

英国公路研究中心进行的大小写字母易读性实验（笔者整理）

上面两幅图来自鲁道夫：北京服装学院艺术设计学院“瑞士设计工作营”基础排版设计课程笔记。

1963 年，英国公路研究中心做了以上实验，在确保底色相同、内容相同的基础上，两张黑色画板上呈现大写、小写两种英文字母，最终，证明了小写字母更适用于公路信息牌，因为小写字母可以更容易、更快速地被人们识别和阅读。但如果使用大写字母，则阅读速度会慢 13%，占用空间多出 40%。

THE RESULTS OF LEGIBILITY ANALYSES CAN BECONTRADICTORY, BUT ONE THING IS CLEAR: TEXT SET IN CAPITALS IS HARDER TO READ THANTEXT SET IN UPPER-AND LOWER-CASE. THIS MAY NOT BE PARTICULARLY IMPORTANT IN THE CASE OF INDIVIDUAL WORDS, BUT IT IS FOR LARGE AMOUNTS OF TEXT. THEN TOO, THERE IS ALSO A GREAT DIFFERENCE IN THE AMOUNT OF SPACE.

a

The results of legibility analyses can be contradictory, but one thing is clear: text set in capitals is harder to read than text set in upper-and lower-case. This may not be particularly important in the case of individual words, but it is for large amounts of text. Then too, there is also a great difference in the amount of space.

b

THE RESULTS OF LEGIBILITY ANALYSES CAN BE CONTRADICTORY, BUT ONE THING IS CLEAR: TEXT SET IN CAPITALS IS HARDER TO READ THAN TEXT SET IN UPPER-AND LOWER-CASE. THIS MAY NOT BE PARTICULARLY IMPORTANT IN THE CASE OF INDIVIDUAL WORDS, BUT IT IS FOR LARGE AMOUNTS OF TEXT. THEN TOO, THERE IS ALSOA GREAT DIFFERENCE IN THE AMOUNT OF SPACE.

c

大小写字母及其字号设置对比图示

比较上面 a、b 两段文字，a 段是大写书写，b 段是小写书写。同样的内容，a 段需要更多的空间和更长的阅读时间，所以书籍的内文通常采用小写书写，以使阅读更为方便和快捷。如果把大写字母的尺寸缩到很小，且字间不比大小写并用时文本的字间大时，会使阅读变得很难，例如范例 c。

小型大写字母（Small Caps）

在排印的时候，大写字母一般用于标题，小写字母一般用于正文，当我们想在文中区分信息，但是又不想使这些信息过于明显，可以使用小型大写字母（简称“小大写”）。比如图中扉页、页眉中的使用场景所示。

图中人名的书写，就是用大写字母和小大写的组合，其中“W”和“N”是典型的大写字母，“ICOLL”则是用小大写印刷。

By J. RANDALL,

Formerly Master of the Academy at Heath *near* Wakefield, *but now at* York.

LONDON: Sold by W. NICOLL, in St. *Paul's* Church-Yard.

[Price bound Three Shillings and Sixpence.]

图例中所展现的书籍的页眉、扉页下方的公司名称使用小大写。

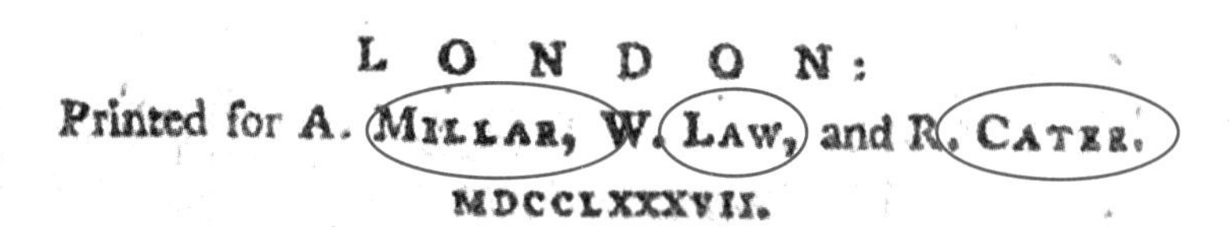

LONDON:

Printed for A. MILLAR, W. LAW, and R. CATER.

MDCCLXXXVII.

[Price bound Three Shillings and Sixpence.]

全角与半角（em & en）

在传统的排版术语中，“em”指的是字体中大写字母“M”的宽度。因为“M”通常是一个相对较宽的字母，所以“em”也代表了字体的基本字符宽度。在英语字体设计中，“em”是一种相对单位，它的值取决于所使用的字体的大小。金属活字中大写字母 M 的上下左右长度几乎相等，我们称为“全角”(em)，并将其中的一半称为“半角”(en)。例如，如果使用字号为 10 点的字体，则全角尺寸为 10pt，半角尺寸为 5pt。

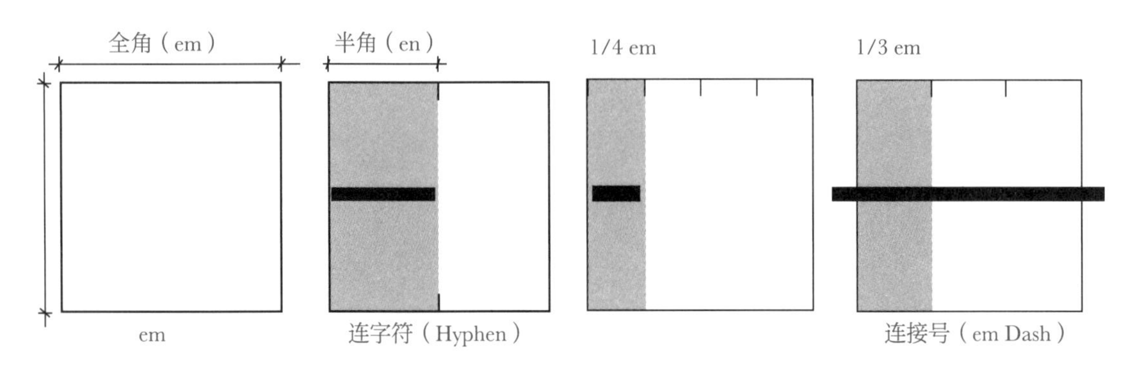

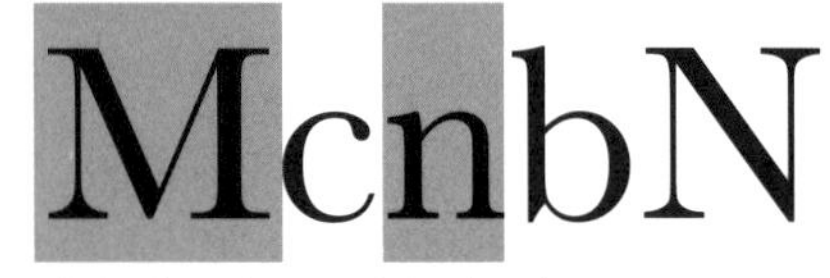

全角（em）　半角（en）

金属活字中大写字母“M”的上下左右长度几乎相等，我们称为“全角”，字母“n”宽度为“半角”。

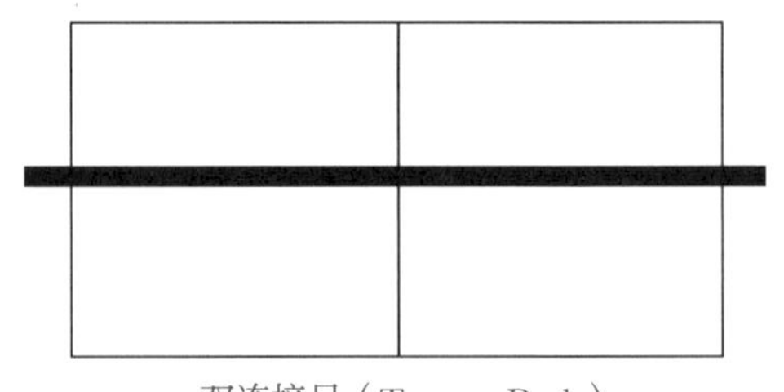

双连接号（Two em Dash）

英文中的标点符号也有不同长度，常用的连字符是半角长度，而连接号则是全角长度，还有两倍全角长度的双连接号。

右图中对于空格的长度也以全角为单位划分，被细分为 1/24 的细空格，1/6 的空格，1/8 的窄空格，1/4 和 1/3 空格。

全角空格　⇧⌘M
半角空格　⇧⌘N
不间断空格　⌥⌘X
不间断空格（固定宽度）
细空格 (1/24)
六分之一空格
窄空格 (1/8)　⌥⇧⌘M
四分之一空格
三分之一空格

Indesign 软件中“插入空格”菜单中的选项截屏

阿拉伯数字（Arabic Numerals）

老式数字（小写数字）

1234567890

等高数字（大写数字）

大写高
（Captial Height）

阿拉伯数字由 0、1、2、3、4、5、6、7、8、9 共 10 个计数符号组成，阿拉伯数字最初由古印度人发明，后由阿拉伯人传向欧洲。公元 1 世纪，欧洲中部引入阿拉伯数字系统，之后再经欧洲人将其现代化。公元 10 世纪，首次登陆欧洲大陆，人们误认为是阿拉伯发明，所以称其为“阿拉伯数字”。

根据数字的表现方式的不同，可分为老式数字（Old Style）（也称为“小写数字”）和等高数字（Lining）（也称为“大写数字”）。“老式数字”，其数字的高度与小写字母有类似的规律，上下波动，部分数字有上升部或下降部，因而又称为“小写数字”。

等高数字则与大写字母类似，拥有一致的大写字母高，因此也称为“大写数字”。这两种不同的风格决定了它们适用于不同的文本中，上下错落的老式数字多运用于书籍排版中。

2 第 2 章 西文字体的分类

本章按照时间顺序，讲解了西文排版的核心要素——西文字体的分类，并详细介绍了每种字体的设计和盛行时间、代表字体及其造型特征。

文字排版的最基本元素是文字，由文字排列组成词组和段落，并汇集成篇章。而字体是文字的“形象”，决定了文字的“样貌”和“气质”。字体在排版中起着至关重要的作用，影响着文本的可读性、层次感和审美。

首先，字体选择会影响内容的情感表达和风格，例如，衬线字体传递正式感，无衬线字体显得简洁、现代。其次，字体的比例，如 x 字高、上升部和下降部的设计，决定了文本的视觉密度和流畅性。最后，字体间距（字距、行距等）也会直接影响文本的可读性与舒适度，因此有必要认识和梳理字体。

文字随着社会文化的变迁、印刷及媒介技术的发展而演变。以下按照字体出现的历史顺序和发展阶段，将现有这些林林总总的字体梳理出一定意义的秩序。

哥特体　古字体　过渡衬线体　现代体　厚衬线体　无衬线体　手写体

哥特体（Black Letter）

最早的活字印刷字体是哥特体（Black Letter），设计时间大致为 1150~1960 年，盛行时间是在 1200~1550 年。此类代表字体包括：“Gutenberg”“Textura”“Fraktur”，它们是以中世纪流行的装饰性手写风格为基础设计的，现在看起来显得具有浓郁的宗教意味，若用这种字体行文，阅读起来会比较困难。

古登堡印刷的第一本《圣经》，就是以哥特体（Gothic）作为内文印刷字体。身为德意志贵族的古登堡掌握了金属活字、印刷机、油墨等金属加工技术，于 1450 年左右发明了西方金属活字印刷术。 古登堡制作的字体被称为哥特体，也叫黑字体（Black），和当时抄书工所写的《圣经》中的字母几乎一模一样。在需要两端对齐时，为了配合行宽一致，抄书工们进行了各种各样的尝试。比如同样的字母改用不同的宽度，或者把两个字母组合成一个字，同时还使用了大量的拉丁文缩略语。

设计时间：
1150~1960 年，
盛行时间：
1200~1550 年，
代表字体：
Gutenberg/Textura/
Rotumda/Schwabacher/
Fraktur

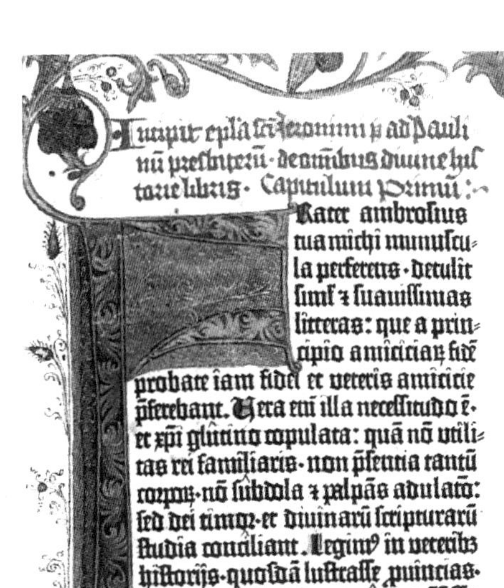

Incipit epistola sancti Ieronimi presbiteri ad Pauli
nū presbiterū · de omnibus divine hi[s]
torie libris · Capitulum primū :
[F]rater ambrosius
tua michi munuscu-
la perferens · detulit
simul et suavissimas
litteras : que a prin-
cipio amiciciarū fidē
probate iam fidei et veteris amicicie
pferebant. Vera enī illa necessitudo ē ·
et xpi glutino copulata : quā nō utili-
tas rei familiaris · non pñtia tantū
corporū · nō subdola et palpās adulatō :
sed dei timor · et divinarū scripturarū
studia conciliant. Legim9 in veteribz
historiis · quosdā lustrasse provincias ·
novos adiisse populos · maria trāsisse :
ut eos quos ex libris noverāt : coram
qz viderent. Sic pitagoras memphi-
ticos vates · sic plato egiptum · et archi-
tam tarentinū · eamqz orā ytalie · que
[illegible]

ingressi : aliud extra urbem quererent.
Appollonius sive ille mag9 ut vulgus
loquitur · sive phūs ut pitagorici tra-
dunt · intravit psas · ptransivit caucasū ·
albanos · scithas · massagetas · opu-
lentissima indie regna penetravit : et
ad extremum latissimo physon amne
trāsmisso pvenit ad bragmanas : ut
hyarcam in throno sedentē aureo · et de
tantali fonte potantem · inter paucos
discipulos · de natura · de moribz ac de
cursu dierū et siderū audiret docentem.
Inde p elamitas · babilonios · chalde-
os · medos · assirios · parthos · syros ·
phenices · arabes · palestinos · rever-
sus ad alexandriā · pergit ad ethio-
piam : ut gignosophistas et famosissi-
mam solis mensam videret ī sabulo.
Invenit ille vir ubiqz quod disceret : et
semp proficiens · semper se melior fie-
ret. Scripsit super hoc plenissime octo
voluminibus · phylostratus. II
[Q]uid loquar de seculi hominibz :

西方最早的印刷书籍——《圣经》，此版为古登堡印刷大多数使用手抄本所钟爱的哥特式手写字体，这是新的印刷技术对手书体的刻意模仿。（图片来源：大卫·皮尔森．大英图书馆书籍史话：超越文本的书 [M]．恺蒂，译．南京：译林出版社，2019.）

Die Typen der 42zeiligen Bibel

a. Gutenbergtypen

b. Schöffertypen

约翰内斯·古登堡设计的字模套组。（图片来源：克劳斯·吕迪格·马伊古登堡．500 年前塑造今日世界的人 [M]．洪堃绿，译，北京：北京日报出版社，2021.）

Gutenberg Testura

字体：Gutenberg Testura
字号：36pt

Gutenberg Testura

字体：Testura
字号：36pt

Breitkopf Fraktur

字体：Breitkopf Fraktur
字号：36pt

古典体（Old Style）

设计时间：1467 年至今
盛行时间：1467~1650 年
代表字体：Tradian/Venetian/Geralde/Garamond/Caslon/Old style

文艺复兴时期的威尼斯兴起了一场由活字印刷引发的出版热潮。当时，古登堡使用的哥特体并不适合意大利人的口味，所以人们按照威尼斯流行的古典罗马体制作出了更易于阅读的活字字体。这一类字体被称为古典体（Old Style），又被译为“古体字”或“古风字体”。其中以尼古拉·让松（Nicolas Jenson）1467 年制作的 Venetian 最为著名。

这一类由古典罗马体发展而来的活字字体被称为古典体，盛行时间是 1467~1650 年，代表字型包括“Tradian”“Venetian”“Garamond”“Caslon”。古典体风格源自罗马字形，笔画有细微的粗细变化，带有倾斜的重力方向感。

OM Old face

ABCDEFG abcdefgh

Big Caslon

古典体的字母粗细不同且倾斜，角度稍微偏近垂直。笔画粗细的对比强，衬线两端细、中间稍粗一些。“e”的“横棒”笔画是水平而非大多数哥特体的倾斜样式，“M”上方的衬线只留有外侧部分。这也证明了这类字体并不是对书写字体的单纯模仿，而是以印刷为目的的设计。

HK Venetian

字体：HK Venetian
字号：36pt

Garamond

字体：Garamond
字号：36pt

Lowan old style

字体：Lowan old style
字号：36pt

过渡衬线体（Transitional）

到了 18 世纪，铸造技术、印刷机技术进一步发展，油墨、纸张逐渐得到改良，使得极细线这样精致漂亮的印刷表现手法成为可能。随着技术的发展，诞生了更为简练的罗马体，这就是现代体演变途中出现的过渡衬线体。

由英国的约翰·巴斯克维尔（John Baskerville）等人制作的这类字体，是 17 世纪末从古风体发展出的一个分支，其包含更强烈的笔画粗细对比，字母的线条更简洁。整体的字体风格还有一些老式字体的影子，但是文字的抑扬变化几乎是垂直的，手写感更少了。它不像老式体那样古板，也不像现代体那样带着机械式的冷酷，所以在书籍印刷品中经久不衰，沿用至今。

设计时间：1640 年至今
盛行时间：1640~1780 年
代表字体：
Times New Roman

Times New Roman

现代体（Modern Face）

把过渡体的特征进一步推进，拉开现代体帷幕的是富尼耶（Pierre Simon Fournier）创造的字体。到了 18 世纪后半叶，迪多（Didot）家族、古昂巴蒂斯塔·博多尼（Giambattista Bodoni）等人制作了更为符合工业化特征、更体现机械化的现代体。

现代体最典型的特征是采用发丝衬线和无弧角衬线，并有极强的笔画粗细对比，字母 O 的中轴线是垂直的，如下图的 Didot 字体所示。

设计时间：1770 年至今
代表字体：
Bodoni/Didot

Oea Modern face
ABCDEFGH abcdefgh

Didot

板衬线体（Slab Serif）

设计时间：1815 年至今
盛行时间：1815~1890 年
代表字体：
Egyptian/Rockwell/
Clarendon/Italian/
Renaissance/Tuscan

过于机械感的现代体并不易于阅读，老式字体再次受到重视。随着工业革命的发展，出现了更多应对产品销售的新字体。人们发现张贴在街头的海报、传单、报纸、杂志广告等宣传类印刷品，用细小的正文字体来印刷几乎没有视觉冲击力，因此开始设计更大、更醒目的活字。19 世纪初，出现了竖线极端粗犷、醒目的“Slab serif”“Fat face”，强调浓重黑度的“Egyptian”“Grotesque”等其他风格多样的装饰性字体。

Egyptian

字体：Yonky
字号：36pt

Rockwell

字体：Rockwell
字号：36pt

Clarendon

字体：Clarendon
字号：36pt

TUSCAN

字体：Tuscan
字号：36pt

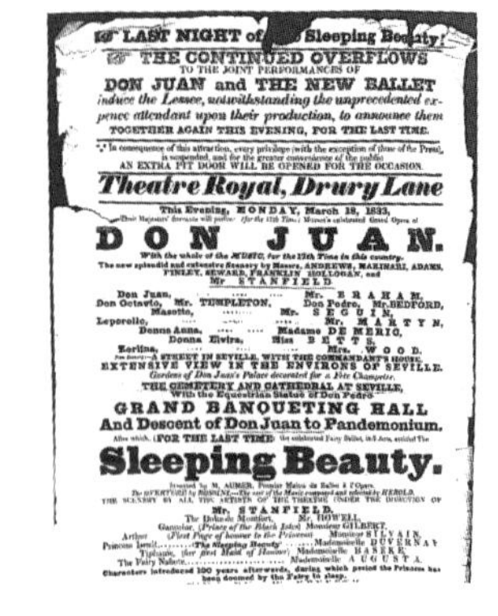

1833 年伦敦一家剧院的海报，可见粗衬线体、无衬线体的雏形。

无衬线体（Sans-serif）

无衬线体即笔画没有衬线，粗细变化较小的字体，1816 年由威廉姆·卡斯隆四世（William Caslon IV）首次推出。步入 20 世纪，随着字体铸造公司的现代化和时代需求的发展，更多具有简练、清新感觉的无衬线新字体不断登场。第二次世界大战之后，伴随着现代设计的浪潮一举成名的还有“Helvetica”和“Univers”体。

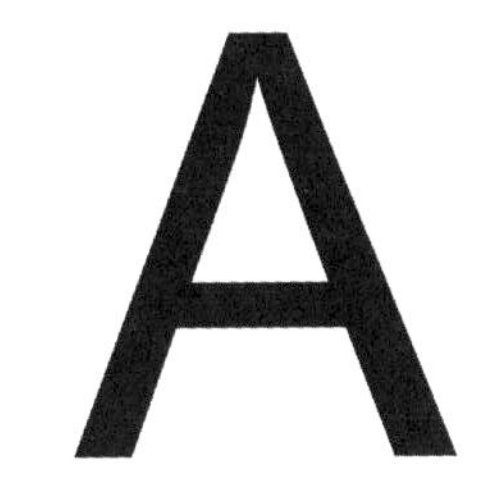

设计时间：1816 年至今
盛行时间：1892~2018 年
代表字体：
Helvetica/Grotseque/
Arial/Univers/Humanist

Helvetica

字体：Helvetica Neue regular
字号：36pt

Arial

字体：Arial
字号：36pt

Univers 这款字体发布于 1957 年，设计师是瑞士的阿德里安·弗鲁提格体（Adrian Frutiger）。类似阿克兹登兹·格罗泰斯克体（Akzidenz-Grotesk）这样早期的无衬线字体，不同的字重（Font Weight）之间差别很大。字重指眼睛对某字体视觉上重量的感知。在字库中用不同粗细来传达相同字体的不同字重。常见的字重类型有：特细、中等、常规、粗、超级粗等。一般越粗的字体视觉上越重。Univers 是第一批将不同字重统一起来的字体，每一种字重的风格都是一致的，这就是我们现在常说的“字体家族”。

（图片来源:《这个字体平平无奇，但又特立独行？——Univers》https：//zhuanlan.zhihu.com/p/396625891）

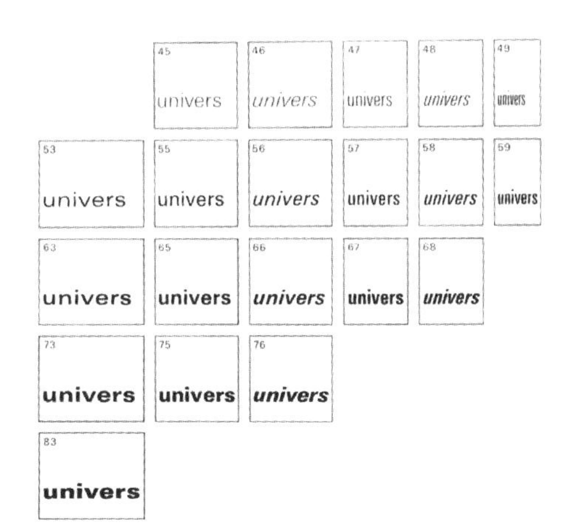

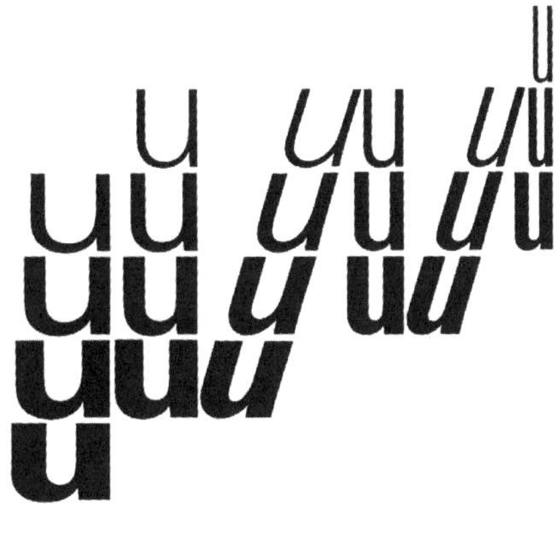

Akzidenz-Grotesk	Univers 55	Helvetica
C	C	C
G	G	G
J	J	J
Q	Q	Q
R	R	R
1	1	1
2	2	2
7	7	7

手写体（Script）

手写体是模仿手写的一类字体，所以会有连笔。该类字体中有些版本比较容易阅读，而另一部分则识别性较弱。

A

设计时间：1820 年至今
代表字体：
Pointed pen Script/
Broad pen Script/
String Script/
Brush Script

Marker Felt

字体：Marker Felt
字号：36pt

SignPainter

字体：Sign Painter
字号：36pt

Snell Roundhand

字体：Snell Roundhand
字号：36pt

Bickham Script Pro 3

字号：Bickham Script Pro 3
字号：36pt

Camila

字体：Camila
字号：36pt

Graphic

“Gaphic”字体中有一些字符可以被视为图形，图形字体通常是为了某个具体的主题而设计的，文字本身便可以反映出主题的内容，此类字体中包含许多不同风格的字形，左图展示的是“Trixie Cameo”字体。

意大利斜体（Italic）

阿尔杜斯·马努提乌斯（Aldus Manutius）因制作了意大利斜体而闻名于世。意大利斜体诞生于 1501 年，以 15 世纪威尼斯的书记官官方记录使用的手写体为样本，最初是为了在页面中容纳更多的文字以减少篇幅。后来，该字体逐渐普及，被称为“阿尔杜斯的意大利体”。之后该字体传到法国，又被称为“意大利体”，现在我们称其为意大利斜体。

最初，这套字只有小写字母，大写字母依然使用罗马正体的小型大写字母，到了 1545 年左右，意大利斜体的大写字母被制作出来。意大利斜体本来是一套独立的、用于正文的字体，但是 16 世纪中叶开始被用于表现强调的部分或者外来语，逐渐地成为罗马正体的一种辅助性字体。

现在意大利斜体经常用于特指某专有名词，如文献名称、作品名称，生物学术语、数学公式等，或用于文中需要特别强调的内容。

阿尔杜斯·马努提乌斯的意大利斜体

Morley Rachel. *Cinemasaurus: Russian film in contemporary context*[J]. Studies in Russian and Soviet Cinema, 2022, 16(1).

引用注释中，文献名称通常用斜体。

In his introduction to *The Great Gatsby*, Professor William Smith points out that “Fitzgerald wrote about himselfand produced a narcissistic masterpiece.”

书籍等作品名称通常用斜体。

In the local high school，teachers gives *A* 's and *B* 's only to outstanding students.

“当地中学教师只给成绩优异的学生 A 和 B”。该句中斜体“A”和“B”，表示强调该字母。

Typeface Baskerville Regular

Typeface Baskerville Italic

衬线字体的常规体和斜体

Typeface Arial Regular

Typeface Arial Italic

无衬线字体的常规体和斜体

An early modern human ancestor, *Homo Erectus*, migrated out of Africaabout a million years ago.

该句中“Homo Erectus”斜体表示动物种属，是拉丁语“直立猿人”的意思。

数学公式“$S_{扇形}=lR$”通常用斜体。

字体家族（Type Family）

字体家族指一组拥有相同设计元素的字体，但在粗细、宽度或样式上存在差异。字体家族中的字体设计视觉上显得非常和谐，能够很好地搭配使用，为设计师和排版师提供了灵活和多样的选择。

阿德里安・福鲁迪格（Adrian Frutiger）是历史上最杰出的字体设计师之一，这在很大程度上归功于他在 1957 年设计的“Univers”字族，以及他创造的用来区别字体家族中 21 个字体宽度和磅值的数字编号系统，被称为福鲁迪格网格（Frutiger's Grid），这个字体家族被认为是世界上首个完整的字体家族。

印刷重量表（Typographic Weights）①

	极紧缩 Etxra Condensed	紧缩斜体 Extra Condensed Italic	紧缩 Condensed	紧缩斜体 Condensed Italic	常规 Basic	常规斜体 Basic Italic	拓宽体 Expanded	超宽体 Extra Expanded	拓宽斜体 Expanded Italic	超宽斜体 Extra Expanded Italic
极轻 Ultralight	H	H	H	H	H	H				
细体 Thin	H	H	H	H	H	H	H	H		
轻 Light	H	H	H	H	H	H	H	H	H	H
中等 Regular	H	H	H	H	H	H	H	H	H	H
半粗 Medium			H	H	H	H	H	H	H	H
粗体 Bold			H	H	H	H	H	H	H	H
超粗 Extrabold					H	H	H	H	H	H
极粗 Ultrabold					H	H	H	H	H	H
极浓 Ultrablack					H	H				

数字系统可以取代如瘦体、黑体、加重等这一类模糊的字体命名方式。福鲁迪格将“Univers”字族中不同磅值和不同宽度的字体以大小顺序进行网格排列，使不同磅值的字体之间的关系一目了然。其网格具有非常合理的逻辑结构，这使它易于理解并成为高效的设计工具。

在描述一个字体家族时可遵循以下顺序：从属的字体家族、字重、字宽、倾斜度。

① 根据鲁道夫：北京服装学院艺术设计学院“瑞士设计工作营”基础文字排版课程笔记整理。

			Univers 39	细体（Thin）
	Univers 45 *Univers 46*	Univers 47 *Univers 48*	Univers 49	轻体（Light）
Univers 53	Univers 55 *Univers 56*	Univers 57 *Univers 58*	Univers 59	标准体（Regular）
Univers 63	**Univers 65** ***Univers 66***	**Univers 67** ***Univers 68***		中粗体（Medium）
Univers 73	**Univers 75** ***Univers 76***			粗体（Bold）
Univers 83				超粗（Extra Bold）

上图中“Univers”字体家族的每款字体都有编号，十位数相同的拥有一样的字重，即它们的笔画粗细一致，个位数相同的字体字宽和倾斜角度相同。数值后一位是奇数表示正体，数值后一位是偶数表示斜体。

斜体（Oblique）

在字体家族中，我们经常会看到意大利斜体或斜体的选项，看起来都有倾斜的特征，但是二者有区别。

意大利斜体字体具有草书或书法风格，通常用于强调或突出文本。它们具有独特流畅的外观，字母通常是倾斜的。意大利斜体字体通常用于标题、题目和正文中的强调。

与意大利斜体字体不同，斜体字体没有独特的设计或风格，它们仅是常规字体的倾斜版本，字母向一侧倾斜。斜体字体通常用于强调或产生视觉效果，但它们没有像意大利斜体字体那样独特、流畅的外观。

Helvetica 字体的常规体（Regular）与斜体（Oblique）的对比

Helvetica　Regular

Helvetica　Oblique

Baskerville 字体的常规体（Regular）与意大利斜体（Italic）的对比

Baskerville　Regular

Baskerville　Italic

3 第 3 章 西文排版设计基本规律

本章运用举例和对照的方式，讲解了字符间距、字偶间距、合字、阿拉伯数字、词间距、行距、标点符号、对齐、首行缩进、首字下沉这些西文排版设计中的基本规律。

字符间距（Tracking）

字符间距是为整个段落设置的，它是字体或文本的一般间距。每一个段落字符间距的设定取决于该段落中的字体类型、字体风格、字号、行距等。如果放大或缩小了文本，字符间距也需进行相应的调整。

InDesign 软件中字符间距（Tracking）面板截图

字符间距指相邻两个字符之间的距离。过近的字间距，会使版面看起来拥挤，导致读者感到压迫，产生视觉疲劳；过宽的字间距，则会使版面信息分散，降低读者的阅读效率。

调整字符间距，是排印中最为基础的步骤。右图为 InDesign 软件中的字符间距面板截图，操作时可以输入数值进行精确设置。

A good font design places just as high demands on the designer as good painting or good sculpture. It does serve a recognizable purpose.

字体：Times New Roman
字号：12pt
字符间距：-50

A good font design places just as high demands on the designer as good painting or good sculpture. It does serve a recognizable purpose.

字符间距：-25

A good font design places just as high demands on the designer as good painting or good sculpture. It does serve a recognizable purpose.

字符间距：0（自动）

A good font design places just as high demands on the designer as good painting or good sculpture. It does serve a recognizable purpose.

字符间距：25

A good font design places just as high demands on the designer as good painting or good sculpture. It does serve a recognizable purpose.

字符间距：50

A good font design places just as high demands on the designer as good painting or good sculpture. It does serve a recognizable purpose.

字符间距：75

字偶间距（Kerning）

InDesign 中字偶间距（Kerning）面板截图

在不改变整体字符间距的情况下，仅对特定两个字母之间的间距进行调整，称为“字偶间距”。我们通常称这些特殊的字符组合为“字偶对”。在一些较为完整的字库里，字体排印师会对使用频率高的字偶对进行预先设定。

单个字符之间的距离只在特定情况下需要调整，如全大写的标题文字常需要调整字偶间距。标点符号前后，或者有特殊字符和数字的时候，也可能需要调整。调整的目的是使字行“看起来”排列均等。

我们使用排版软件进行排版，遇到在数值上的字偶间距绝对一致，但是视觉上却不均衡（如下图）的情况时，就需要手动调整。

当字偶间距太小时，密集的字符与“O”“C”“D”“Q”等字母较大的字怀空间形成对比，使字怀部分看起来像一个个空洞，因而，应将间距适当调大。

WORD SPACE

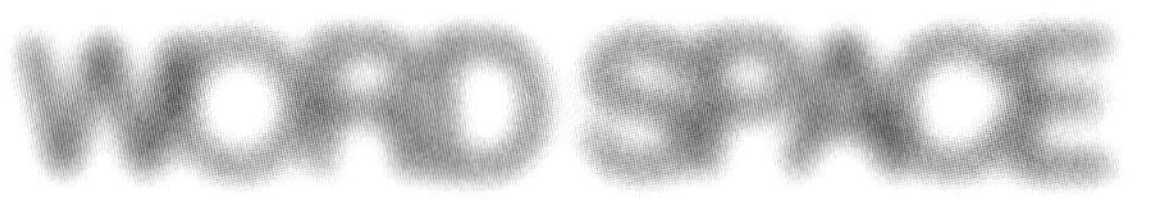

调整前

WORD SPACE

WORD SPACE

调整后

纯大写字母的排版，如果仅限于几个单词或者几行文字，会非常醒目。比如下图“Trajan”这款基于古罗马时代的石碑字体，用在标题中以大字号、宽松字偶间距排版，就能极大地发挥字体本身的优点。

大写字母的排版是一种“为了突出显示”和“强调”的排版方式，而大小写混排则“为了让人阅读”，是更具有易读性的排版方式。

GRAPHIC

Trajan

“Trajan”最初就是按照宽松的字偶空间设置的，大写字母的排列端庄大方。

一般字库设计时，预设的排版方式都是以首字大写字母后面跟进小写字母排版，因此如果全部采用大写字母排版就会显得很拥挤。这个时候就需要把字距拉大，宽松排版。

Graphic

Garamond

“Garamond”这款字体以首字大写字母，后跟小写字母的方式排版，视觉上平和流畅。

GRAPHIC

“Garamond”这款字体如果全部变成大写字母排版，就会显得比较拥挤。

G R A P H I C

把上图字距拉宽调整后的效果。

set too loose　set too tight

typography　typography　typography

一般而言字腔小，字间就小；字腔大，字间就大。

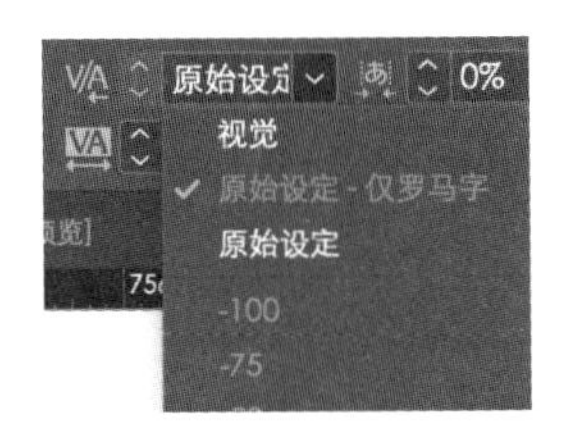

InDesign 软件中字偶间距（Kerning）菜单设置选项

在 InDesign 软件中，字偶间距调整提供了四种选项，分别是“视觉”“原始设定仅罗马”“原始设定”和“自定义字距”。视觉设定是 InDesign 软件根据视觉效果自动调整字距，“原始设定”指字库本身设定的字距，“自定义字距”是由用户输入数值，其单位是全角空格的千分之一，用法是将光标放在字符之间，然后设置字偶间距的值，负值是减少字距，正值是加大字距。这 4 个选项中前 3 个可以应用于文本块或字符串的设置，但“自定义字距”仅对字偶间距起作用，如希望调整整个文本块的字距，建议使用字符间距（Tracking）调整功能。

HI KA OC
CHINA
TYPOGRAPHY

字体：Arial，字号：48pt
字符间距：0，字偶间距：原始设定

为了使文本看起来排列均衡、“布白”合理，字体设计师在设计每个字母的左右字偶间距时，都进行了细致考虑，如左图所示，两个字母间的绝对距离虽然不同，但是视觉空白却是比较一致和平衡的。

HI KA OC
CHINA
TYPOGRAPHY

字体：Arial，字号：48pt
字符间距：0，字偶间距：视觉设定

当字偶间距改为“视觉设定”后，与上图按照“Arial”字库的“原始设定”对比，变化最大的是“KA”“TY”“RA”三组的间距，明显变大。

Type

字体：Times New Roman
字号：30pt

字偶间距绝对一致时，“T”与“y”之间的字间距看起来略大。“T”字母字框内部余白面积很大，需要用字偶间距（kerning）功能适当缩小与其前后的字母间距。

Type

调整后，“T”与“y”之间的绝对间距较其他字母要小，但从视觉上看会一致。

合字（Ligature）

排印“fi”“ff”“fl”“ffi”“ffl”字母组合时，由于字母笔画较为集中，“f”字母起笔与其他字母的点或衬线连接，再加上印刷溢墨的因素，影响读者阅读。基于这种特殊情况，通常将“fi”“fl”等字母连接起来，做成一个铅块，称为合字。

InDesign 软件中的合字（Ligature）面板。

fi fl ff ffi ffl

ﬁ ﬂ ﬀ ﬃ ﬄ

ﬀ fh ﬁ fk ﬂ ﬃ ﬄ

“New Times Roman”字库中的合字

阿拉伯数字（Arabic Numeral）

“1”前后边空面积较大，排版时需减小与其前后字符的间距。

“0”“6”“9”前后边空面积较小，且字形饱满，排版时需增加与其前后字符的间距。

1234567890

边空

996007

字体：Helvetica，字号：30pt
当字偶间距为默认设置 0pt 时：
“9”“6”“0”组合稍显拥挤，视觉不平衡。

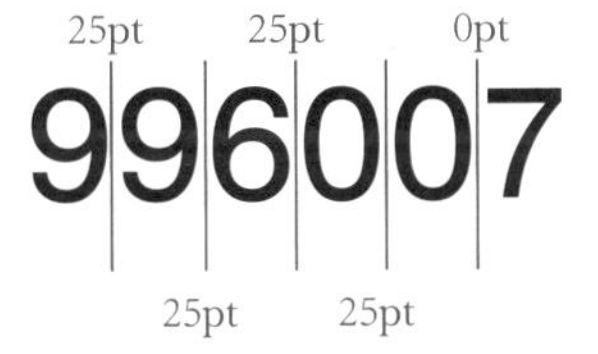

将“9”“6”“0”之间适当加大后，
视觉上反而均衡。

19018123515

字体：Helvetica，字号：30pt
当字偶间距为默认设置 0pt 时：
“90”组合稍显拥挤，“1”前后稍显疏离，视觉不平衡。

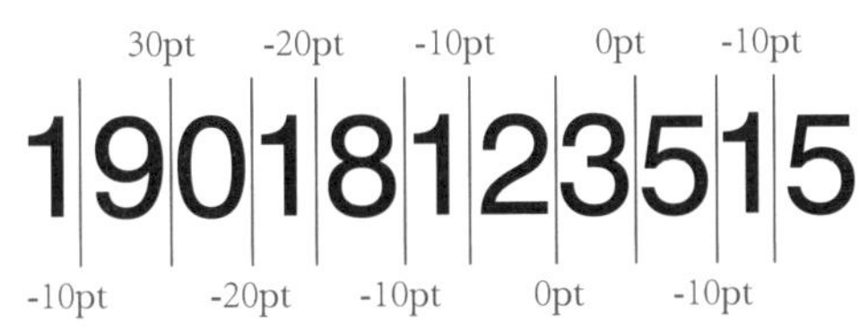

适当加大“9”“0”之间的间距其他数字间距再适当调整后视觉更加平衡。

在内文排版中，通常比 12 点大的文字，随着字号的增加，字间距一般需随之减少；反之，比 12 点小的文字，随着字号的减小，字间距应随之增加。

词间距（Word Space）

词间距指两词之间的距离，合适的词间距可以提高版面美观度，方便读者阅读。

The old lady

The old lady

如图，对比上下两排文字的词间距，第一排文字中，当词间距绝对相等时，“The”与“old”的词间距看起来比较大，此时应缩小其词间距，使各词间距在视觉上相等（见第二排调整后的效果）。

DER FALL VON

DER FALL VON

如图，第一排文字中，当词间距绝对相等时，“L”与“V”的间距看起来比较大，应缩小其词间距，各词间距在视觉上相等（见第二排调整后的效果）。

Mr. Smith Kate

Mr. Smith Kate

如图，第一排文字中，标点符号字框内部余白面积很大，需要缩小与其前后的字母间距，使视觉均匀（见第二排调整后的效果）。

铅字排印时代，词间距的设置有两种：在英国、美国、澳大利亚等英语国家，词间距常设置为 1/3 全角。

在中国、西班牙、法国、德国、意大利、俄罗斯、越南等国家，以及在拉丁美洲、非洲的国家，词间距常设置为 1/4 全角。

全角	The　space　between　words.
半角	The space between words.
1/3 全角	The pace between words.
1/4 全角	The space between words.

在当下的数码时代，排版和词间距的设置不依赖于物理铅块，可通过软件来控制和调整，但最佳词间距仍然是 1/3 到 1/4 全角宽度。

行距（Leading）

在排印中，行距指从上一行基线到下一行基线之间的距离。行间距的调整往往取决于段落中的字高，通常在书籍内文排版时需要考虑，在排印海报、书籍封面、邀请函以及名片和签名页时也应多加注意。

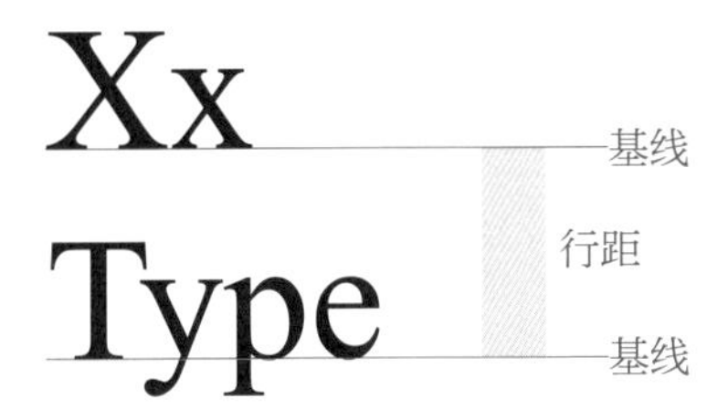

下图的四行文字，拥有数学上绝对一致的行间距，即行距 1、行距 2、行距 3 绝对值相等，但因第三行的单词没有大写字母，所以行距 2 看起来比行距 1 与行距 3 都大。因此，行距绝对值相等的段落，在视觉上不一定均匀。

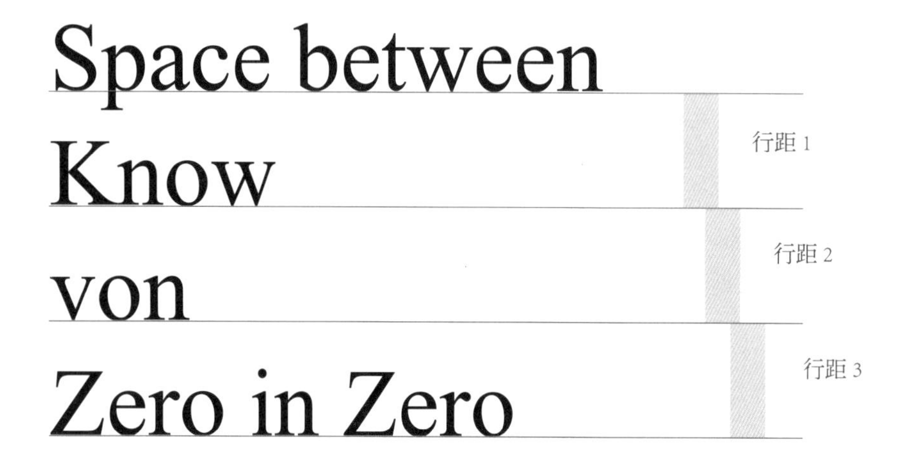

下图四行文字，视觉上看起来行间距相等、阅读流畅，而实际上为了达到视觉上行距的一致，设计师缩小了行距 2，才使行距 1、行距 2、行距 3 达到视觉平衡。

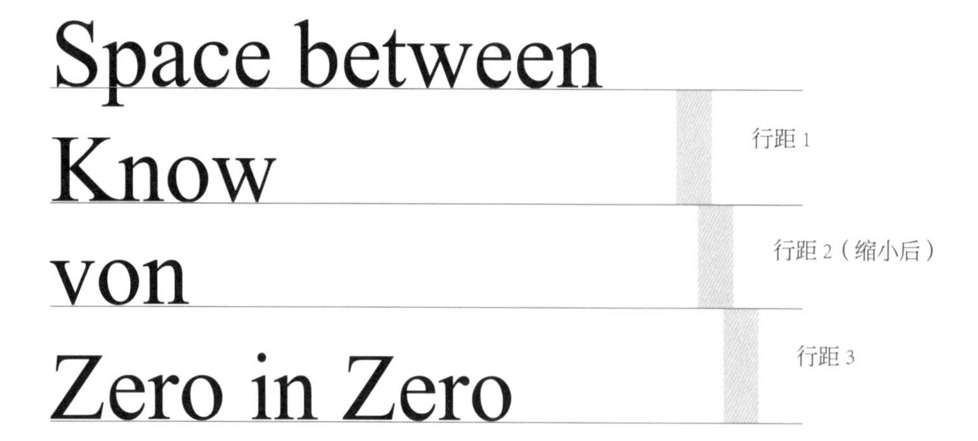

标点符号（Punctuation Mark）

在西文排版中，为了让文章易读易懂，会使用各种各样的标点符号。现在的西文排版一般在逗号、句号、分号、冒号后面添加一个字母间距的空白。使用英文的不同国家对于标点符号的使用存在差异，一般欧洲大陆国家、拉丁美洲国家、非洲国家、亚洲的中国和越南使用的间距是 1/4 全角；澳大利亚、英国、美国使用的间距是 1/3 全角。

gone. It points forward: from a case

逗号、分号、冒号、句号、问号和感叹号

Space, comma
Space; semicolon
Space: colon
Space. period
Space? question
Space! exclamation

在英文排版中逗号、分号、冒号、句号、问号和感叹号，这些标点符号之前不用加任何空格，而在这些标点符号之后需要加一个空格。

在多数欧洲国家，用于数字分位的句号和逗号的用法与英国、美国正好相反。在英国、美国，“两千三百四十五”写作“2,345”，而在德国、法国和西班牙等主要欧洲国家都写作“2.345”。对于小数点，英国、美国、日本等国“零点二五米”和大部分欧洲国家（英国除外）的写法正好相反，如下图所示。

2,345
英国、美国、日本等使用

2.345
主要在欧洲国家使用

0.25m
美国、日本等使用

0,25m
主要在欧洲国家使用

缩略点

缩略点前一般没有空格，缩略点后有少量空白。欧洲大陆国家、拉丁美洲国家、非洲国家、亚洲的中国、越南等国家点后间距是 1/8 全角；而在澳大利亚、英国、美国点后间距是 1/6 全角。

Ms. L. Peng and Mr. X. Cao

在表示小时、日期和钱数时，常使用结构点，结构点前后没有额外的空格。

12.234$　12.45hour　28.1.2018

引号

引号之前没有额外间距，引号之后是 1/5 全角，相比较正常的单词间距 1/4 全角偏短一些。

‘ EU/LA/Russia’“ USA/UK/Australia”

英语的引号

„Continental Europe, Latin America“

德语的引号

如下图在引号之前，是一个窄空格（Thin Space）的间距，即 1/8 全角，在引号之后没有额外间距。

It’s　Can ’t　Let’s

引号用于文章中引用他人的语言，英文使用单引号、双引号两种符号，在不同的排版规范里有不同的用法。德文、法文使用的符号与英文也不一样。

两种引号　‘type’　“type”

牛津规范　‘nnn “nnn” nn’

芝加哥规范　“nnn ‘nnn’ nn”

如图，在引号中又有引号的两种处理方法。

连接号

连接号有半角连接号和全角连接号之分。半角连接号容易和连词符相混淆。半角连接号用于表示年、月等时间，还可以用于表示从某地到某地，这时不需要在前面加空格。半角连接号还用于文章中的停顿，这时则需要在前面加空格。

1900-1949　　Beijing-London

8:00 a.m.-6:30 p.m.

括号

aa (bbb) cc

aa (bbb), cc

在正文中使用括号，原则上括号中的内容前后都不用加空格，而括号外前后需加一个空格。

斜线

斜线用于表达 A 或 B 这样两个并列的事物，一般斜线前后都不用空格，但当斜线与字母造型过紧、影响阅读时，需要增加间距，以便阅读。

A/B

A / B

上图 AB 与斜线相聚太近，可适当增加空格，此处增加 1/8 全角的空格。

---

staff?

staff ?

字母 f 与问号太近，增加 1/4 空格更方便阅读。

需要注意的是，所有的规律都以视觉的均衡为标准。如左图 staff 后面跟一个问号，按照规则，问号前不用加任何空格，但是由于单词最后一个字母 f 与问号的上部几乎相连，应增加空白，以便阅读。

(highlight)　　(highlight)

字母 h 与括号太近，增加 1/8 全角的空格看起来更舒服。

对齐 /Alignment

与中文类似，西文排版的基本对齐方式分为以下几类：

两端对齐，即每行左右都对齐的最基本排版形式，能给读者一种安定感。需要特别注意的是：在排版软件里直接导入文字，会造成各行的词距、字距强行拉伸后出现版面不均的情况，行长越短越容易出现这个问题。因此，高品质的排版需要很多细微的手动调整，以避免段落内部词间距视觉不均衡的问题。

左对齐，又称流水版式，与古典的两端对齐排版相比，左对齐更有现代感。只要词距、行距设置适当，可设计出均匀、美观和易于阅读的版面。设置为左对齐的段落，需注意段落末尾所形成的黑白关系，如下图。右对齐，即段落齐右侧，常用于海报等短文。但是，由于行首不齐，易读性会逊色于两端对齐和左对齐。中间对齐，这种形式比起易读性，更重视形式美，多用于标题页、扉页等。

在 InDesign 等排版软件中有时会出现双齐末行齐左、双齐末行居中、双齐末行齐右的情况，这是在段落两端对齐的前提下，采用了末行齐左、居中或齐右的设置导致。排版中还有朝向书脊对齐、背向书脊对齐两种对齐方式，顾名思义，指与书脊的方向一致或相反的对齐方式。

西文排版中，段落左对齐后，由于单词长短不一，右侧断尾的情况各异，为达到高品质排版，可手动断行调整。以下为几种典型情况：

Then, for the same article, let's change the
width again. Draw a line at a position with a row
width of 125mm, and align it to the left when you line
up near it. After that, adjust the word spacing so that
the length of each line is aligned to the position of
the line and aligned at both ends. Set the line
width to 60mm and try again.

字体 Times New Roman
字号 12pt
左对齐

左对齐的段落需要注意右侧段尾形成的黑白关系。如形成过于规律性的阶梯状且向内收缩不太美观。

Then, for the same article, let's change the width
again. Draw a line at a position with a row width of 125mm,
and alignit to the left when you line up near it. After that,
adjust the word spacing so that the length of each line is
aligned to the position of the line and aligned at both
ends. Set the line width to 60mm and try again.

形成肚腹状的段尾影响美观，最好能够形成一定的节奏感。

不合适的分词符，使段落中出现“空洞”，需要纠正。

Then, for the same article, let's change the width again.
Draw a line at a position with a row width of 125mm, a-
nd alignit to the left when you line up near it. A-
fter that, adjust the word spacing so that the length of each
line is aligned to the position of the line and aligned at both
ends. Set the line width to 60mm and try again.

独立于段落的单词需要避免，应使段尾视觉上达到相对均匀的效果。

Then, for the same article, let's change the width again.
Draw a line at a position with a row width of 125mm,
and alignit to the left when you line up near it. After that, adjust
the word spacing so that the length of each line is aligned
to the position of the line and aligned at bothends. Set the
line width to 60mm and try again.

太短的单行视觉上比较突兀，需要纠正。

Then, for the same article, let's change the width again. Draw a
line at a position with a row width of 125mm,
and alignit to the left when you line up near it. After that, adjust
the word spacing so that the length of each line is aligned to the
position of the line and aligned at bothends. Set the line width to
60mm and try again.

以下段落为“双齐末行齐左”，即在 InDesign 软件中强制两端对齐的前提下，末行左对齐，可见第二行和最后一行字偶间距和词间距较其他行更宽大，视觉上不均匀。因此，需要通过连字符转行或手工调整字偶间距的方法，实现两端对齐和整段文字均匀排布。

Then, for the same article, let's change
the width again. Draw a line at a
position with a row width of 125mm,
and align it to the left when you line
up near it. After that, adjust the word
spacing so that the length of each
line is aligned to the position of the
line and aligned at both ends. Set the
line width to 60mm and try again.

Then, for the same article, let's change
the width again. Draw a line at a posit-
ion with a row width of 125mm, and
align it to the left when you line up near it.
After that, adjust the word spacing so that
the length of each line is aligned to the
position of the line and aligned at both
ends. Set the line width to 60mm and
try again.

首行缩进（First-line Indent）

在段落第一行开头加入空格，表示新段落开始的做法叫首行缩进。缩进多少跟字行的长度、字号、行距密切相关，很难有固定公式，一般认为缩进长短应为能让读者明确段落开始的最小长度为宜。

So please read the article to see how much easier it is to read. Here, again, Adobe Garamond and Frutiger (p. 50–51) are used for comparison.

Then, for the same article, let's change the width again. Draw a line at a position with a row width of 125mm, and alignit to the left when you line up near it. After that, adjust the word spacing so that the length of each line is aligned to the position of the line and aligned at both ends. Set the line width to 60mm and try again.

字体：
Times New Roman
字号：12pt
行距：16pt
首行缩进：16pt

So please read the article to see how much easier it is to read. Here, again, Adobe Garamond and Frutiger (p. 50–51) are used for comparison.

Then, for the same article, let's change the width again. Draw a line at a position with a row width of 125mm, and alignit to the left when you line up near it. After that, adjust the word spacing so that the length of each line is aligned to the position of the line and aligned at both ends. Set the line width to 60mm and try again.

行距：12pt
首行缩进：13pt
此段行距较密，可适当减少首行缩进。

So please read the article to see how much easier it is to read. Here, again, Adobe Garamond and Frutiger (p. 50–51) are used for comparison.

Then, for the same article, let's change the width again. Draw a line at a position with a row width of 125mm, and alignit to the left when you line up near it. After that, adjust the word spacing so that the length of each line is aligned to the position of the line and aligned at both ends. Set the line width to 60mm and try again.

行距：22pt
首行缩进：20pt
此段行距较疏，可适当增加首行缩进。

so please read the article to see how much easier it is to read. Here, again, Adobe Garamond and Frutiger (p. 50–51) are used for comparison.

Then, for the same article, let's change the width again. Draw a line at a position with a row width of 125mm, and alignit to the left when you line up near it. After that, adjust the word spacing so that the length of each line is aligned to the position of the line and aligned at both ends. Set the line width to 60mm and try again.

字体：Times New Roman
字号：12pt，行距：16pt
首行缩进：16pt
行长较长时，首行需要多缩进一些。

Here, again, Adobe Garamond and Frutiger (p. 50–51) are used for comparison.

Then, for the same article, let's change the width again. Draw a line at a position with a row width of 125mm, and align it to the left when you

字体：Times New Roman
字号：12pt，行距：16pt
首行缩进：12pt
行长较短时，首行需要少缩进一些。

首字下沉（Drop Cap）

在西方古典读物中，常看到在文章开头空出宽大的空间，将首字母放大，并辅以装饰性的图案，以提示读者此处是文章开头。一般首字母的上端与正文第一行对齐，下端与正文基线对齐，首字母占三行或以上。

THEN, for the same article, let's change the width again. Draw a line at a position with a row width of 125mm, and alignit to the left when you line up near it. After that, adjust the word spacing so that the length of each line is aligned to the position of the line and aligned at both ends. Set the line width to 60mm and try again.

基线对齐

The Valley of Unrest

ONCE it smiled a silent dell
Where the people did not dwell;
They had gone unto the wars,
Trusting to the mild-eyed stars,
Nightly from their azure towers,
To keep watch above the flowers,

美国作家埃德加·艾伦·坡（Edgar Allen Poe）的诗作《动荡谷》（*The Valley of Unrest*）的 1908 年版本。（本页 6 幅图片来源：大卫·皮尔森《大英图书馆史话》）

THE VALLEY OF UNREST.

ONCE it smiled a silent dell
Where the people did not dwell:
They had gone unto the wars,
Trusting to the mild-eyed stars,
Nightly from their azure towers
To keep watch above the flowers,
In the midst of which all day
The red sunlight lazily lay.

美国作家埃德加·艾伦·坡的诗作《动荡谷》的 1952 年版本。

Of the Birth of Bevis; and of the Death of his Father.

IN the reign of Edgar, King of England, there was a most renowned knight, named Sir Guy, Earl of Southampton; whose deeds exceeded those of all the valiant knights in this kingdom; and who, thirsting after fame, travelled in his youth in search of adven-

用首字母的装饰来增强页面视觉效果的排印方法，一直沿用至 19 世纪。

CICERO was present at the death of CÆSAR in the Senate; *where he had the pleasure*, he tells us, *to see the tyrant perish as he deserved* [a]. By this accident he was freed at once from all subjection to a superior, and all the uneasiness and indignity of managing a power, which every moment could oppress him. He was now without competition the first Citizen in *Rome*; the first in that credit and authority both with the Senate and People, which illustrious merit and services will necessarily give in a free City. The Conspirators considered him as such, and reckoned upon him as their sure friend:

I i 2 for

1741 年出版的英国神学家康妮尔斯·米德尔顿（Conyers Middleton）的《西塞罗传》（*Life of Cicero*）。

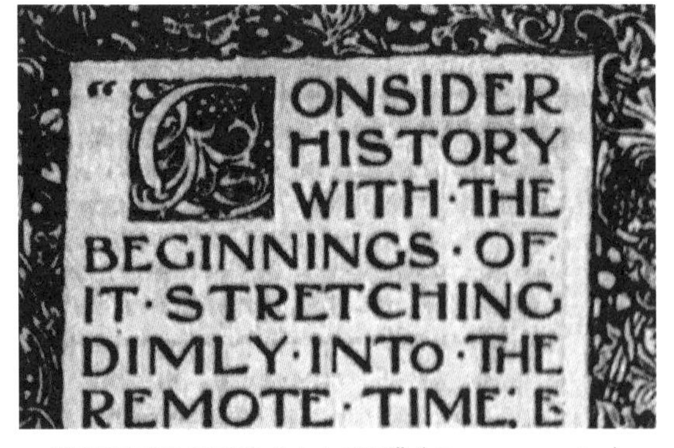

20 世纪初开始出版的“人人系列”（*Everyman series*）系列书籍扉页，充满了 19 世纪末工艺美术运动的风格。

hominum ut modo:ſed tria fuerũt. Ad maſculum enim atq
tertium etiam aderat utriſq; commune:cuius rei nomen ſol
relictum eſt. Res uero penitus periit. Nam Androgynum tu
et nomine ex utriſq; mare ſcilicet atq; fœmina conſtabat. I
aliquantulum ut Ariſtophanes ſolebat illuſerit ſubiungit d
Iuppiter dixit:et ſcidebat homines medios:et Apollini iuſſi
ciſorum ita coniungere:ut facies ad cæſuram uerteretur.
De prima hominum uita. C.VIII
QVom Moyſes primam hominum uitam in paradiſo
indigentem quaſi diuinã aſſerat:omniaq; ſponte a te
nudoſq; fuiſſe confirmet. Audi quemadmodum ea ipſa P
conſcripſit. Deus inquit paſcebat eos ſicuti nunc homines

尼古拉斯·简森（Nicolas Jenson）发明的罗马体首次在 1470 年出版的《优西比乌斯》（*Eusebius*）中使用，被誉为西文字体设计的里程碑。

以上为传统英文书籍中古典风格的版面，其中首字下沉的处理方法不同，装饰手法虽然各异，但其作用都是为了提示读者新的段落开始。

4 第 4 章
西文排版设计基础训练

第 3 章学习了西文排版设计中的字符间距、字偶间距、合字、阿拉伯数字、词间距、行距、标点符号、对齐、首行缩进以及首字下沉符号的基本规律，本章针对上述部分知识点进行针对性地练习，以使理论联系实践。

字偶间距练习

这个练习可以用手工剪切字母、胶条粘贴的方式进行，也可以用Illustrator 或者 InDesign 软件在计算机中操作。

第 1 步　选用"Times New Roman Regular"字体，输入下述字母。字号为 42pt，字偶间距、字间距都为 0，如下图所示。由于数码字库中大写字母的字间距都是以首字母大写、后续跟进小写字母为前提设定的，因此单纯用大写字母排列时，会显得生硬而拥挤。

ILLUSTRATOR

第 2 步　在此基础上，以看起来最挤的部分为标准，调整其他地方（比如"I"与"L"之间），使字偶间距看起来一致。调整完后，就会呈现下图这样拥挤的效果，好几处字母之间互相连接。我们可以看到，"O"看起来像个窟窿，而"R"与"A"的字脚连在一起。

ILLUSTRATOR

第 3 步　下面再以看起来最宽的地方为标准进行调整，如以"A"与"R"之间的空白为标准，调整字偶间距。如下图所示，虽然在视觉上字偶间距一致了，但整体上却给人一种过于松散的感觉。

I L L U S T R A T O R

第 4 步　接下来，我们综合第 2 步和第 3 步的尝试，寻找二者之间整体看起来比较均匀的字距。

I L L U S T R A T O R

以此类推，更换单词和字体不断重复这项操作，以锻炼眼力。

行距练习

把行距设置成和字号一样的做法叫“行距密排”（Solid）

我们比较一下，改变行距后版面发生什么样的视觉变化，以此来获得行距设置的经验。字号一样，行距从 18pt 开始递增。行距越大，段落空白越多，版面越稀疏。

字体：Baskerville Regular
字号：18pt
行距：18pt

Let's compare what kind of visual
changes occur in the layout after
changing the line spacing.

行距：21pt

Let's compare what kind of visual
changes occur in the layout after
changing the line spacing.

行距：24pt

Let's compare what kind of visual
changes occur in the layout after
changing the line spacing.

行距：28pt

Let's compare what kind of visual
changes occur in the layout after
changing the line spacing.

行距：32pt

Let's compare what kind of visual
changes occur in the layout after
changing the line spacing.

“Baskerville”字体的“x”字高较小，即使行距设置与字号一致（均为18pt），也足以阅读；而“Helvetica”字体的“x”字高较大，行距 18pt 会显得过于杂乱，难以阅读。所以，每款字体能被舒适阅读的行距是不一样的，而且行距的变化也会导致词距的视觉效果发生变化。

Let's compare what kind of visual
changes occur in the layout after
changing the line spacing.

字体：Helvetica Neue Regular
字号：18pt
行距：18pt

Let's compare what kind of visual
changes occur in the layout after
changing the line spacing.

行距：21pt

Let's compare what kind of visual
changes occur in the layout after
changing the line spacing.

行距：24pt

Let's compare what kind of visual
changes occur in the layout after
changing the line spacing.

行距：28pt

Let's compare what kind of visual
changes occur in the layout after
changing the line spacing.

行距：32pt

长篇文章的行距练习

我们再用较长篇幅的文章来尝试不同行距的效果，词距则使用普通的空格。行距从密排的 12pt 递增到 22pt，比较一下，看看行距多少更易于阅读。

字体：Baskerville Regular
字号：12pt
行距：12pt

Let's experience the change of line spacing in a long text. The text from page 46 is also used here. For word spacing, we use regular spaces. The line spacing is gradually increased from a tight row (12pt here) to 22 pt, so please read the article to see how much easier it is to read. Here, again, Adobe Garamond and Frutiger are used for comparison.

行距：14pt

Let's experience the change of line spacing in a long text. The text from page 46 is also used here. For word spacing, we use regular spaces. The line spacing is gradually increased from a tight row (12pt here) to 22pt, so please read the article to see how much easier it is to read. Here, again, Adobe Garamond and Frut-iger are used for comparison.

行距：16pt

Let's experience the change of line spacing in a long text. The text from page 46 is also used here. For word spacing, we use regular spaces. The line spacing is gradually increased from a tight row (12pt here) to 22pt, so please read the article to see how much easier it is to read. Here, again, Adobe Garamond and Frut-iger are used for comparison.

Let's experience the change of line spacing in a long text. The text from page 46 is also used here. For word spacing, we use regular spaces. The line spacing is gradually increased from a tight row (12pt here) to 22pt, so please read the article to see how much easier it is to read. Here, again, Adobe Garamond and Frutiger are used for comparison.

行距：18pt

Let's experience the change of line spacing in a long text. The text from page 46 is also used here. For word spacing, we use regular spaces. The line spacing is gradually increased from a tight row (12pt here) to 22pt, so please read the article to see how much easier it is to read. Here, again, Adobe Garamond and Frutiger are used for comparison.

行距：22pt

如上方排版的效果，行距密其实也可以阅读，但是有个别地方字母的升部和降部过于接近，显得局促。通过比较，这款字体字号为 12pt 时，行距设定为 14~16pt 比较易读，但是并不能单纯地下结论说“Baskerville Regular”12pt 最合适的行距是 15pt。因为版面效果和易读性还会根据行长、页边距而发生变化。一般而言，在正文排版中行长越长，行距应该越大，这样更易于阅读，而行长较短则相反。海报里的文字排版，由于视觉冲击力的需要，四周一般会有足够的空间，如上图行距 22pt 甚至更宽松的排版在海报中也是可能的。

总之，版面行距的设置要从行长、页边距、用途等各个方面综合考量。

下面把字体换成“Helvetica Neue Regular”，从同样的字号开始，像上一个示例那样，逐渐把行距加大。

字体：Helvetica Neue Regular
字号：12pt
行距：12pt

Let's experience the change of line spacing in a long text. The text from page 46 is also used here. For word spacing, we use regular spaces. The line spacing is gradually increased from a tight row (12pt here) to 22pt, so please read the article to see how much easier it is to read. Here, again, Adobe Garamond and Frutige are used for comparison.

行距：14pt

Let's experience the change of line spacing in a long text. The text from page 46 is also used here. For word spacing, we use regular spaces. The line spacing is gradually increased from a tight row (12pt here) to 22pt, so please read the article to see how much easier it is to read. Here, again, Adobe Garamond and Frutiger are used for comparison.

行距：16pt

Let's experience the change of line spacing in a long text. The text from page 46 is also used here. For word spacing, we use regular spaces. The line spacing is gradually increased from a tight row (12pt here) to 22pt, so please read the article to see how much easier it is to read. Here, again, Adobe Garamond and Frutiger are used for comparison.

Let's experience the change of line spacing in a long text. The text from page 46 is also used here. For word spacing, we use regular spaces. The line spacing is gradually increased from a tight row (12pt here) to 22pt, so please read the article to see how much easier it is to read. Here, again, Adobe Garamond and Frutiger are used for comparison.

行距：18pt

Let's experience the change of line spacing in a long text. The text from page 46 is also used here. For word spacing, we use regular spaces. The line spacing is gradually increased from a tight row (12pt here) to 22pt, so please read the article to see how much easier it is to read. Here, again, Adobe Garamond and Frutiger are used for comparison.

行距：22pt

由于“Helvetica Neue Regular”这款字体的“x”字高比“Baskerville Regular”字体的要大，密排看起来非常拥挤。因此，行距设定在16~18pt会比较易于阅读。

相对而言，用无衬线字体作为长篇文章内文字体的情况还是较少的。在短文或者海报中字号较大时，行距也应随之拉大。

两端对齐练习

我们把前页左对齐的文章改成两端对齐。在行尾参差不齐部分的平均位置画一条线，确定要把哪些行的行宽拉大或缩小。不改变字距而只调整词距，并尽量使同一行中的词间距看起来一致，直到最后调整为整齐的两端对齐。

然后，我们再尝试改变行宽。将同一段文本分别设定为行宽 125mm、60mm 的两端对齐段落，同样不改变字距而只调整词距，对比不同行宽对阅读的影响。

Then, for the same article, let's change the width –
again. Draw a line at a position with a row +
width of 125 mm, and align it to the left when 0
you line up near it. After that, adjust the word 0
spacing so that the length of each line is aligned –
to the position of the line and aligned at both +
ends. Set the line width to 60 mm and try again. – ①

Then, for the same article, let's change the width
again. Draw a line at a position with a row
width of 125 mm, and align it to the left when
you line up near it. After that, adjust the word
spacing so that the length of each line is aligned
to the position of the line and aligned at both
ends. Set the line width to 60 mm and try again.

① “+”表示增加此行的单词间距；“–”表示减少此行的单词间距；“0”表示不用修改；后同。

Then, for the same article, let's change the width again. Draw a line at a +
position with a row width of 125 mm, and align it to the left when you line −
up near it. After that, adjust the word spacing so that the length of each line −
is aligned to the position of the line and aligned at both ends. Set the line −
width to 60 mm and try again.

125 mm

Then, for the same article, let's change the width again. Draw a line at a
position with a row width of 125 mm, and align it to the left when you line
up near it. After that, adjust the word spacing so that the length of each line
is aligned to the position of the line and aligned at both ends. Set the line
width to 60 mm and try again.

Then, for the same article, let's +
change the width again. Draw a +
line at a position with a row width +
of 125 mm, and align it to the left +
when you line up near it. After that, −
adjust the word spacing so that the −
length of each line is aligned to the −
position of the line and aligned at +
both ends. Set the line width to 60 +
mm and try again.

60 mm

Then, for the same article, let's
change the width again. Draw a
line at a position with a row width
of 125 mm, and align it to the left
when you line up near it. After that,
adjust the word spacing so that the
length of each line is aligned to the
position of the line and aligned at
both ends. Set the line width to 60
mm and try again.

第 1 行、第 2 行的词距看起来略显稀疏

通过尝试和对比，行宽越宽，词间距越大，越容易调整段落至两端对齐的效果。行宽越窄则越难调整。如果行宽较窄，用连词符连接单词断开的地方就较多，这样易于保证每一行看起来不会太松或太紧。

词距练习

我们来看随着词距的增减，易读性有什么变化，例如以下词距从 0 逐渐加大到全角，我们看这样做对阅读有什么影响。

字体：Baskerville Regular
字号：12pt
行距：16pt
词间距：0

Let'sexperiencehowtheeaseofreadingchangesasthewordspac-ingincreasesordecreasesinlongerarticles.Justlookatthegraph fromthispartonward.Hereistheeffectaftergraduallyincreasing thewordspacingfrom0tofullangleAdobeGaramodand Frutiger (pp.46-47) areusedhereforcomparisonPleaseactually readthearticlewithyourowneyestocheckhowwideisappropriate forreading.

1/10em=1.2pt

可以阅读，但由于词间距太小，大写字母尤其显眼。

Let's experience how the ease of reading changes as the word spacing increases or decreases in longer articles. Just look at the graph from this part onward. Here is the effect after gradually increasing the word spacing from 0 to full angle. Adobe Garamond and Frutiger (pp. 46-47) are used here for comparison. Please actually read the article with your own eyes to check how wide is appropriate for reading.

1/5em=2.4pt
窄空格（Thin Space）

Let's experience how the ease of reading changes as the word spacing increases or decreases in longer articles. Just look at the graph from this part onward. Here is the effect after gradually increasing the word spacing from 0 to full angle. Adobe Garamond and Frutiger (pp. 46-47) are used here for comparison. Please actually read the article with your own eyes to check how wide is appropriate for reading.

Let's experience how the ease of reading changes as the word spacing increases or decreases in longer articles. Just look at the graph from this part onward. Here is the effect after gradually increasing the word spacing from 0 to full angle. Adobe Garamond and Frutiger (pp. 46-47) are used here for comparison.Please actually read the article with your own eyes to check how wide is appropriate for reading.

1/4em=3pt
半角空格（Middle Space）

Let's experience how the ease of reading changes as the word spacing increases or decreases in longer articles. Just look at the graph from this part onward. Here is the effect after gradually increasing the word spacing from 0 to full angle. Adobe Garamond and Frutiger (pp. 46 - 47) are used here for comparison. Please actually read the article with your own eyes to check how wide is appropriate for reading.

1/3em=4pt
宽空格（Thick Space）

这个词间距显得比较合适。

Let's experience how the ease of reading changes as the word spacing increases or decreases in longer articles. Just look at the graph from this part onward. Here is the effect after gradually increasing the word spacing from 0 to full angle. Adobe Garamond and Frutiger (pp. 46 - 47) are used here for comparison. Please actually read the article with your own eyes to check how wide is appropriate for reading.

1/2em=6pt
半角 (en)

这个词间距显得比较松散。

Let's experience how the ease of reading changes as the word spacing increases or decreases in longer articles. Just look at the graph from this part onward. Here is the effect after gradually increasing the word spacing from 0 to full angle. Adobe Garamond and Frutiger (pp. 46 - 47) are used here for comparison. Please actually read the article with your own eyes to check how wide is appropriate for reading.

1em=12pt
全角 (em)

同样的步骤用“Helvetica Neue Regular”字体尝试一下就会发现，词距视觉效果的感受和前一个案例不一样。

实际使用排版软件时，左对齐的情况下基本不会调整词距，而两端对齐时则会由软件自动调整。在什么范围内进行多大程度的调整都是可以设置的，因此要在自己心里先定一个标准。

字体：Helvetica Neue Regular
字号：12pt
行距：16pt
词间距：0

Let'sexperiencehowtheeaseofreadingchangesasthewordspacingincreasesordecreasesinlongerarticles.Justlookatthegraphfromthispartonward.Hereistheeffectaftergraduallyincreasingthewordspacingfrom0tofullangle.AdobeGaramondandFrutiger (pp.46–47) areusedhereforcomparison.Pleaseactuallyreadthearticlewithyourowneyestocheckhowwideisappropriateforreading.

1/10em=1.2pt

Let's experience how the ease of reading changes as the word spacing increases or decreases in longer articles. Just look at the graph from this part onward. Here is the effect after gradually increasing the word spacing from 0 to full angle. Adobe Garamond and Frutiger (pp. 46–47) are used here for comparison. Please actually read the article with your own eyes to check how wide is appropriate for reading.

1/5em=2.4pt
窄空格（thin space）

Let's experience how the ease of reading changes as the word spacing increases or decreases in longer articles. Just look at the graph from this part onward. Here is the effect after gradually increasing the word spacing from 0 to full angle. Adobe Garamond and Frutiger (pp. 46–47) are used here for comparison. Please actually read the article with your own eyes to check how wide is appropriate for reading.

Let's experience how the ease of reading changes as the word spacing increases or decreases in longer articles. Just look at the graph from this part onward. Here is the effect after gradually increasing the word spacing from 0 to full angle. Adobe Garamond and Frutiger (pp. 46–47) are used here for comparison. Please actually read the article with your own eyes to check how wide is appropriate for reading.

1/4em=3pt
半角空格（Middle Space）

这个词间距显
得比较合适。

Let's experience how the ease of reading changes as the word spacing increases or decreases in longer articles. Just look at the graph from this part onward. Here is the effect after gradually increasing the word spacing from 0 to full angle. Adobe Garamond and Frutiger (pp.46–47) are used here for comparison. Pleaseactually read the article with your own eyes to check how wide is appropriate for reading.

1/3em=4pt
窄空格（Thick Space）

Let's experience how the ease of reading changes as the word spacing increases or decreases in longer articles. Just look at the graph from this part onward. Here is the effect after gradually increasing the word spacing from 0 to full angle. Adobe Garamond and Frutiger (pp. 46–47) are used here for comparison. Please actually read the article with your own eyes to check how wide is appropriate for reading.

1/2em=6pt
半角 (en)

这个词间距显
得比较松散。

Let's experience how the ease of reading changes as the word spacing increases or decreases in longer articles. Just look at the graph from this part onward. Here is the effect after gradually increasing the word spacing from 0 to full angle. Adobe Garamond and Frutiger (pp. 46–47) are used here for comparison. Please actually read the article with your own eyes to check how wide is appropriate for reading.

1em=12pt
全角 (em)

5 第 5 章 西文排版设计形式训练

排版设计的目的和作用不仅在于提升读者的易读性和流畅性，也在于利用合理的排版带来新的创意设计的可能，激发阅读的乐趣。本章设置了 5 个练习，利用适当的字体选择和排列形式，将文字的主题进行可视化传达，使排版成为有意味的形式。

练习 1 的训练内容是根据单词的主题内容进行排版，找到确切的排版方式表达词意；练习 2 是在练习 1 的基础上添加抽象图形，强化传达。

练习 3 是将单词或词组进行线性排列，传达词意；练习 4 是在练习 3 的基础上添加抽象图形，画龙点睛，加强传达。

练习 5 是利用英文相比汉字特有的线性构成方式进行创意排版，发现单词间的相互共用、巧妙排列组合等可能性，着重创意设计与表达训练，利用排版形式设计传达主题，并尝试制作成完整的音乐主题海报。

练习 1：有意味的单词排版

选择一个感兴趣的单词，根据单词的含义，进行排版设计，通过字体的气质以及排版形式营造出具有黑白对比、节奏感的设计，传达出单词所蕴含的意义和情感。要求每一个关键词只能选用一种字体进行排版，画面黑白表现，放置在矩形画面中。

“Wave”意指海浪，将单词重复，排列成生动形象的海浪形态，使内容与形式构成巧妙的统一。

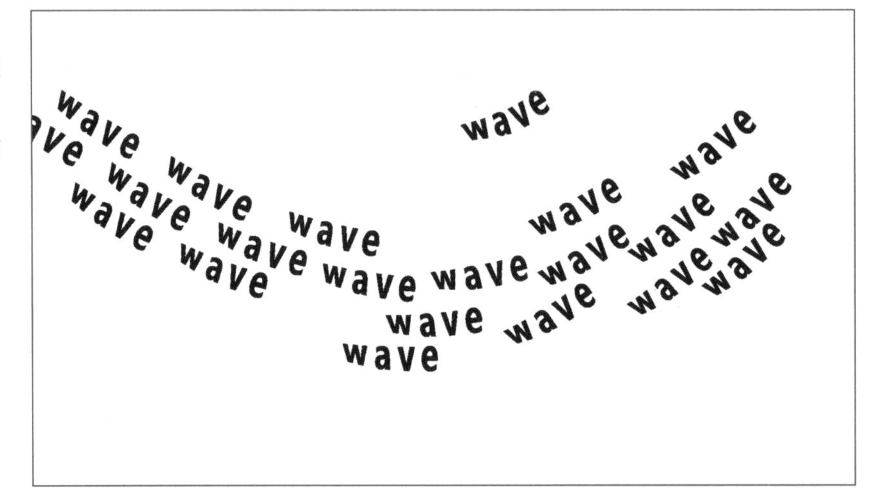

主题：Wave（海浪），作者：陈俊阁

单词重复并拉伸形成具有透视感的平行四边形，表现地面延伸的空间感。

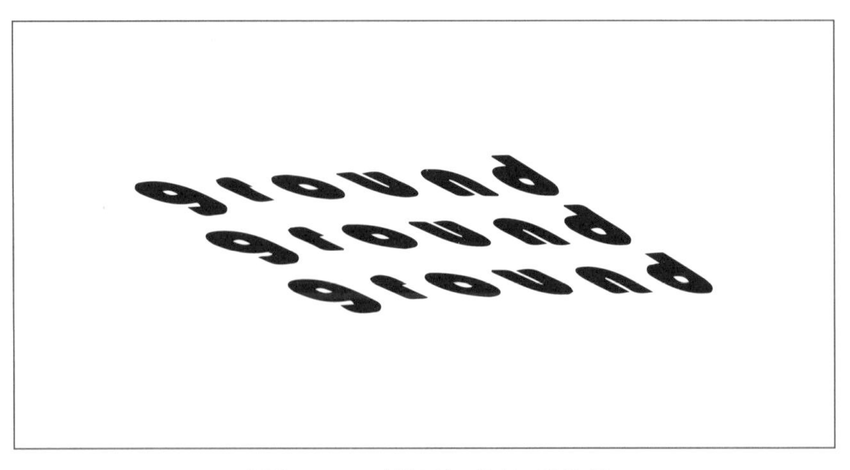

主题：Ground（地面），作者：陈俊阁

通过将细笔画的字体进行拉长处理，使黑色笔画形成纵向延伸的空间感，模拟出光线照射的感觉，呼应单词的含义。

主题：Light（光），作者：林研君

通过字母的字重、粗细和大小的变化，形成具有韵律的黑白关系，模拟音乐的节拍感，传达单词所表现的音乐动感，将单词的含义可视化。

主题：Beat（节拍），作者：林研君

练习 1：有意味的单词排版

主题：Diamonds Love（钻石·爱），作者：王绮琪

选择具有古典意味的字体排布单词“Diamonds”，表达钻石给人的经典感，并排列成钻石的形状。单词“LOVE”则选用哥特体，表现出人们心目中所追求的爱情的永恒感。放在中心位置，表达钻石般坚固、甜蜜的爱情的寓意。

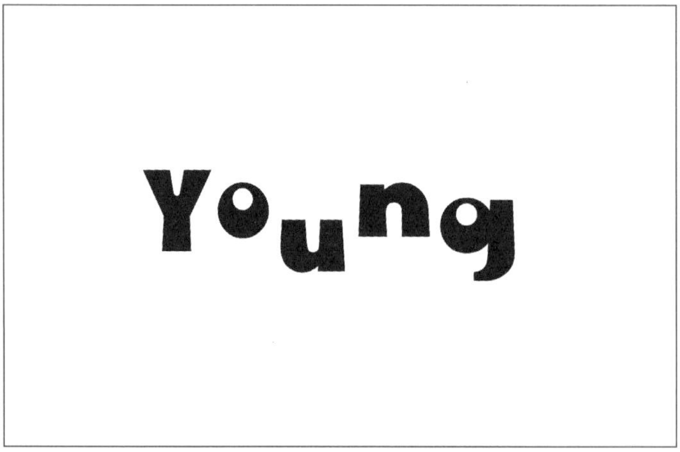

主题：Young（年轻的），作者：王绮琪

通过选择活泼的字体和错落排列的方式，表现“年轻”给人的青春活力感，使内容与形式巧妙地统一。

通过变化位置关系和字号大小等排版方式，使画面中的单词间产生奇妙的叙事关系，如字母“O”的巧遇。

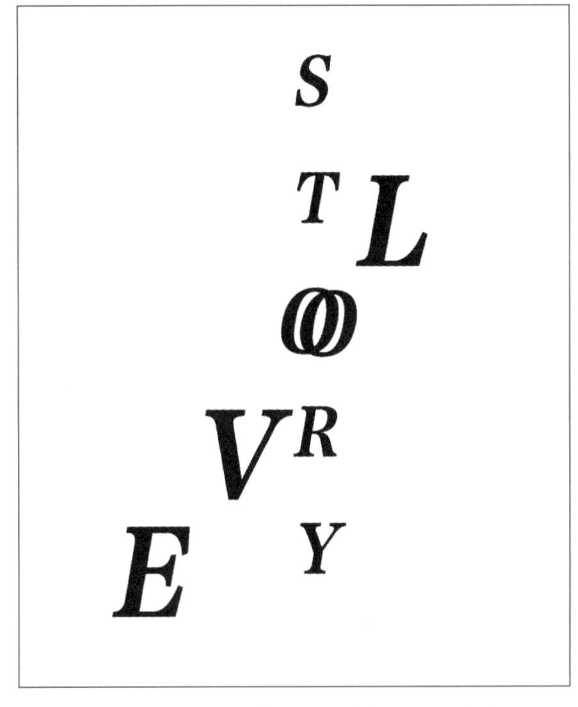

主题：Love Story（爱情故事），作者：李佳

通过字母方向、位置的错落变化形成无序的排列，隐晦地传达单词的含义。

主题：Alone（孤单的），作者：李佳

练习 1：有意味的单词排版

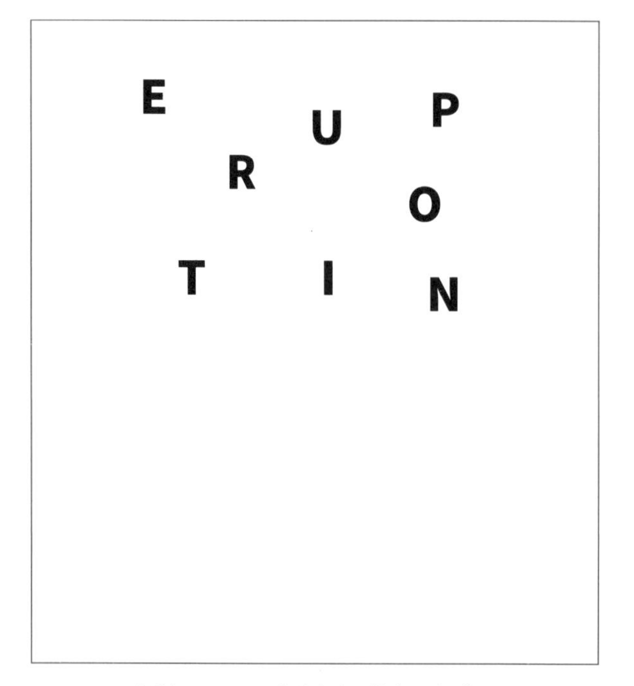

主题：Eruption（喷发），作者：杨芝语

将无衬线字体的单词“Eruption”（喷发）排列成跳动、散落的形状，表达喷发之意。

主题：Grand（宏大的），作者：杨芝语

选用极具古典感的字体，排列成对称的形式，引发人们对希腊经典建筑等宏大事物的联想，表达宏大之意。

通过极细且瘦长的无衬线字体字母，由小到大排列，表现“Soul”（灵魂）的缥缈虚无之感。

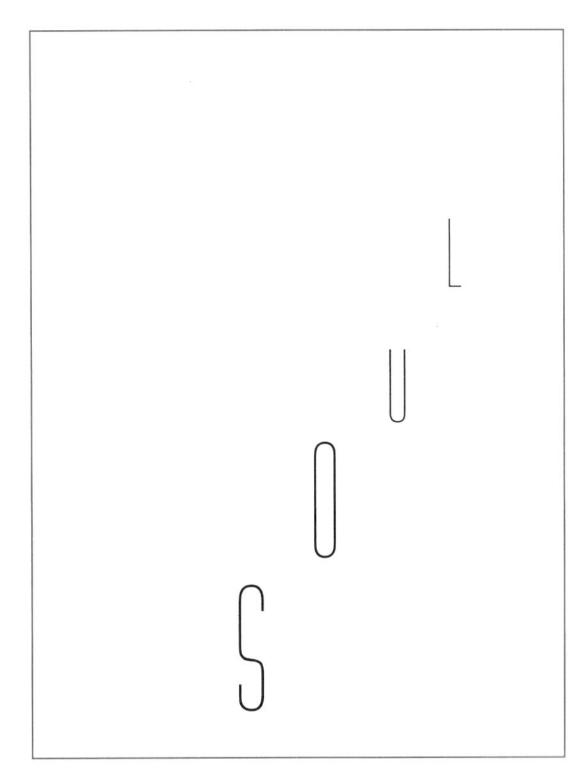

主题：Soul（灵魂），作者：王绮琪

通过圆弧形、从小到大排列的字母，表现出花朵绽放的动感和活力，传达单词的含义。

主题：Bloom（绽放），作者：盛悦文

练习 1：有意味的单词排版

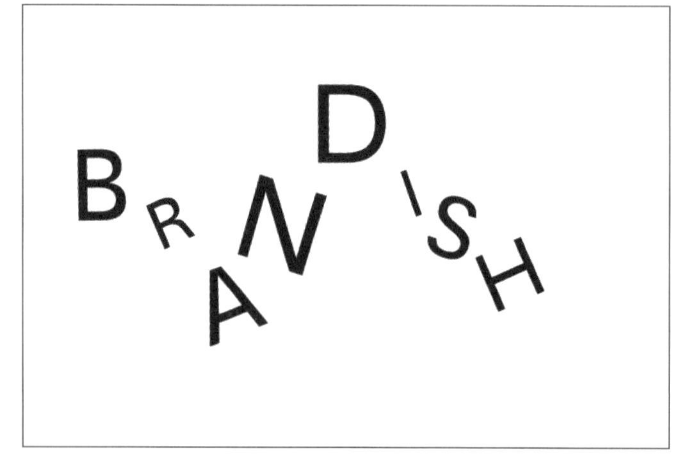

主题：Brandish（舞动），作者：熊晨含

选用简洁的无衬线字体，跳跃性地排列成不规则的形式，表现舞动时的律动之感。

选择粗壮的无衬线字体表现重量感，上大下小、上宽下窄的排列加强了负重的戏剧性。

主题：Stagger（摇摇晃晃），作者：熊晨含

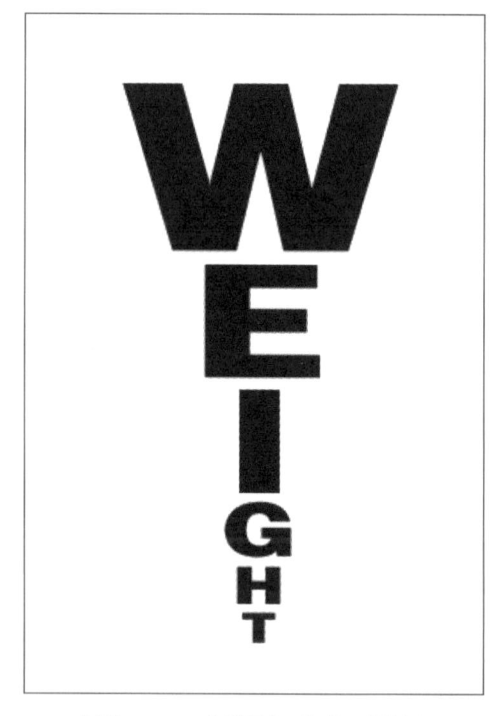

主题：Weight（重量），作者：熊晨含

练习 2：有意味的单词排版 + 抽象道具

在练习 1 的基础上，尝试增加抽象的几何图形，使单词的语义表现更加清晰和准确，同时加强视觉张力。要求画面黑白表现，放置在矩形框中。

动感形的线条加强了海浪的形态，强化了内容与形式的统一。

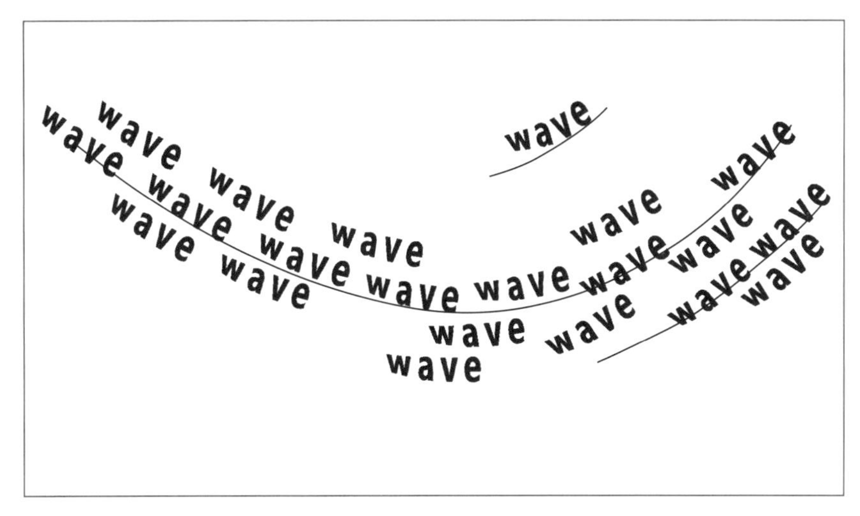

主题：Wave（海浪），作者：陈俊阁

纵向的平行四边形模拟墙的形象，对比之下强化了单词“Ground”重复排列所形成的“地面”造型。

主题：Ground（地面），作者：陈俊阁

练习 2：有意味的单词排版 + 抽象道具

中心部分的渐变，强化了光的炫目感。

主题：Light（光），作者：林研君

用类似心电图的折线，模拟音乐强烈"节拍"下的心跳形象，表达音乐律动对心灵的冲击感。

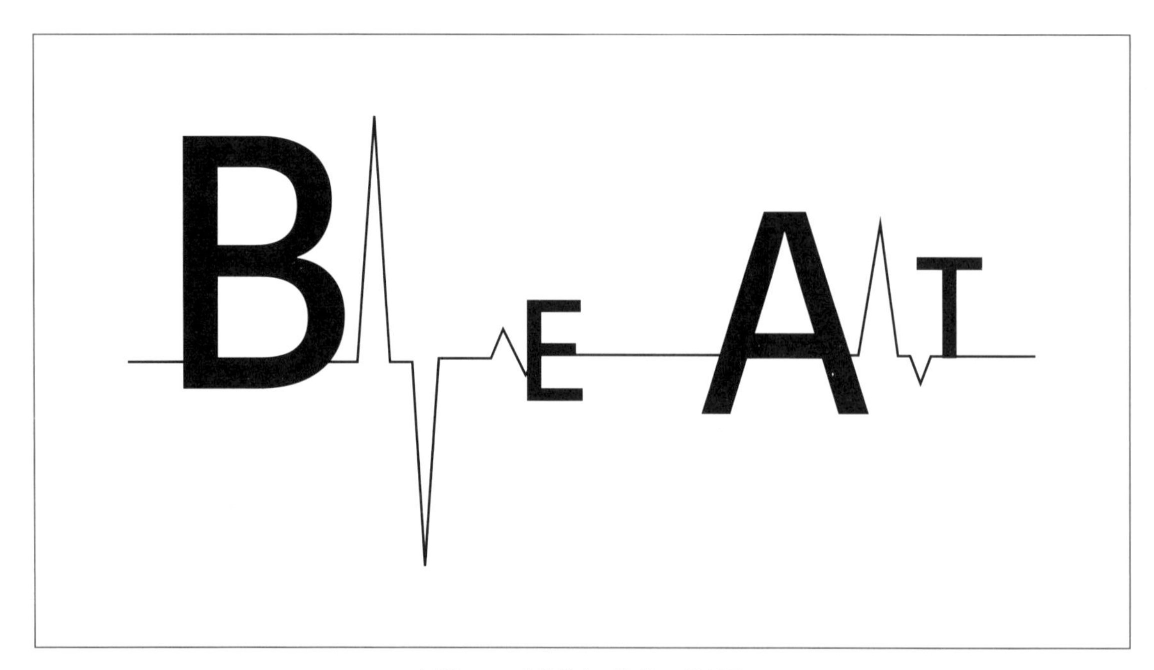

主题：Beat（节拍），作者：林研君

用细直、利落的短线，将字母连接起来，强化“钻石”的造型。

主题：Diamonds Love（钻石·爱），作者：王绮琪

用简洁的抽象化语言赋予文字以生命，模拟可爱的动物形象，体现“年轻”的活泼与天真的童趣。

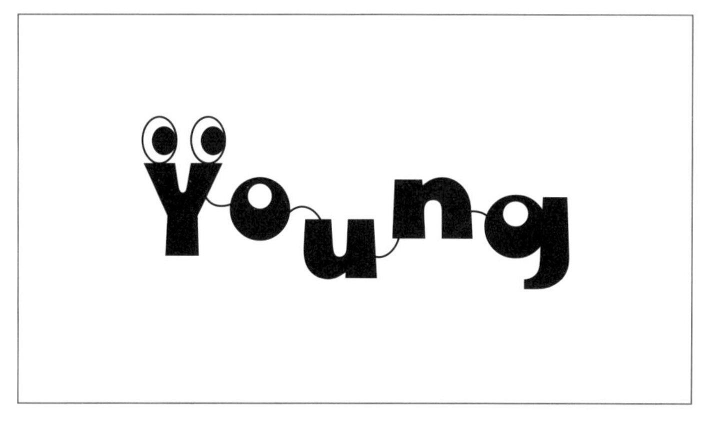

主题：Young（年轻的），作者：王绮琪

练习 2：有意味的单词排版＋抽象道具

用射中靶心的箭，类比被丘比特射中爱情之箭的故事，强化表现爱情故事的戏剧性。箭的靶心与两个单词重叠的字母“O”也形成呼应。

主题：Love Story（爱情故事），作者：李佳

连接而成的平行四边形形成了不同维度的空间，将每个字母分割开来，更加直白地表现了字母“Alone”的“孤单的”概念。

主题：Alone（孤单的），作者：李佳

用简洁的线条勾勒出火山和喷发出岩浆的造型，点明单词的含义。

主题：Eruption（喷发），作者：杨芝语

在练习 1 的基础上，增加了折线和直线，营造希腊建筑的感觉，使宏大之意更明显。

主题：Grand（宏大的），作者：杨芝语

练习 2：有意味的单词排版 + 抽象道具

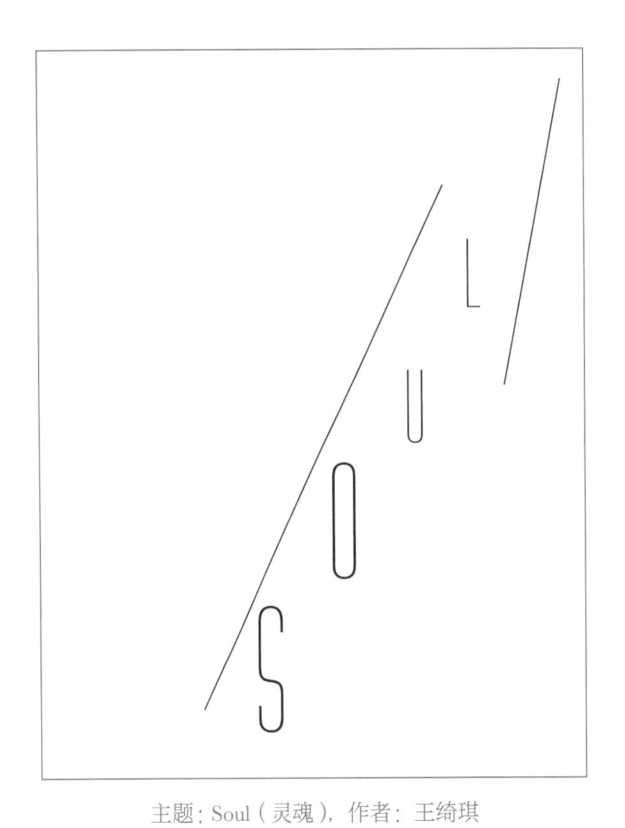

主题：Soul（灵魂），作者：王绮琪

用细斜线增强向上的动感，强化灵魂浮于天际之感。

主题：Bloom（绽放），作者：盛悦文

用向外散发的弧线，使字母排列产生的动感得以延伸和具像化，也使“绽放”之意更为形象。

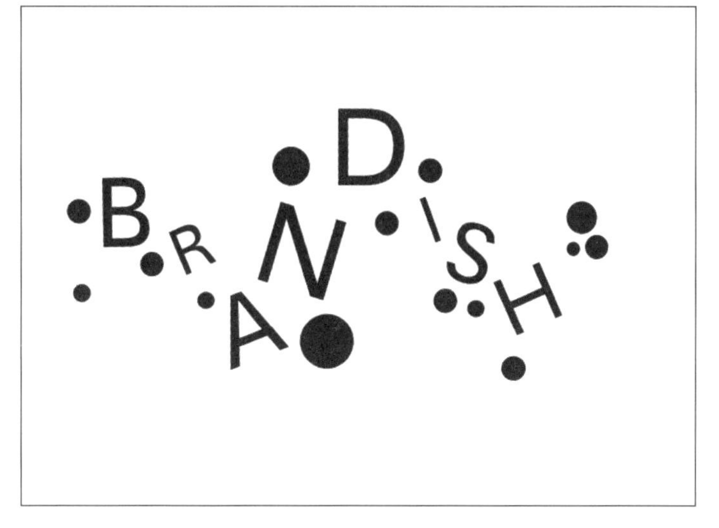

主题：Brandish（舞动），作者：熊晨含

不同大小、散落的黑点使画面更有舞动的节奏感和欢快感。

弯曲的细弧线使摇摇晃晃的虚弱感更加明显。

平稳摆放在画面上方的六面形，加强了重量感，也使画面对比更强烈。

主题：Stagger（摇摇晃晃），作者：熊晨含

主题：Weight（重量），作者：熊晨含

练习 3：单词的线形排列

选择一个不少于 5 个字母的单词进行线性排列，表达单词对应的情绪和形式感。要求：黑白表现，注意这个字母线形排列的位置、疏密、造型、韵律；可利用不同字体，也可尝试同种字体的不同字重、字宽、倾斜等变化因素。

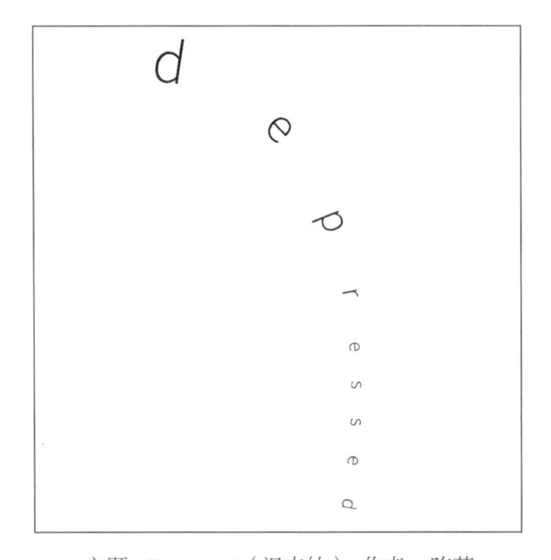

主题：Depressed（沮丧的），作者：陈莉

将单词的字母顺序从大到小、自上而下进行线性排列，形象地表现了人的情绪从高昂到低落的变化过程。

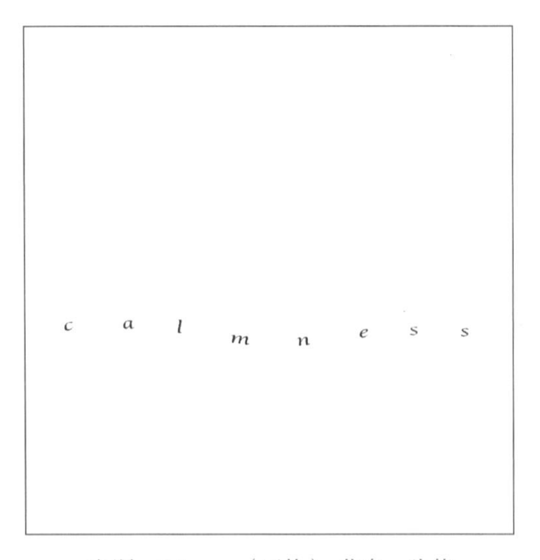

主题：Calmness（平静），作者：陈莉

起伏的线形排列以及在空间中的位置关系较为准确地传达出平静的情绪和形式感。

用瘦长的字母排列成“项链”的形象，直观地表达单词的含义。

合适的字体选择和位置安排对排版设计至关重要，也许可以进一步尝试字母之间的粗细变化来强化造型。

主题：Necklace（项链），作者：王琦琪

字母由大到小的弧线排列，形象地传达出太阳渐渐落山，即“日落”的含义。

注意字母在空间中位置的丰富变化，可利用它生动地传达出版面所要表达的含义。

主题：Sunset（日落），作者：王琦琪

练习 3：单词的线形排列

用不同字体、字号、字重和空间位置的字母排版，营造出不同感觉的氛围。

主题：Moonlight（月光），作者：杨芝语

主题：Moonlight（月光），作者：杨芝语

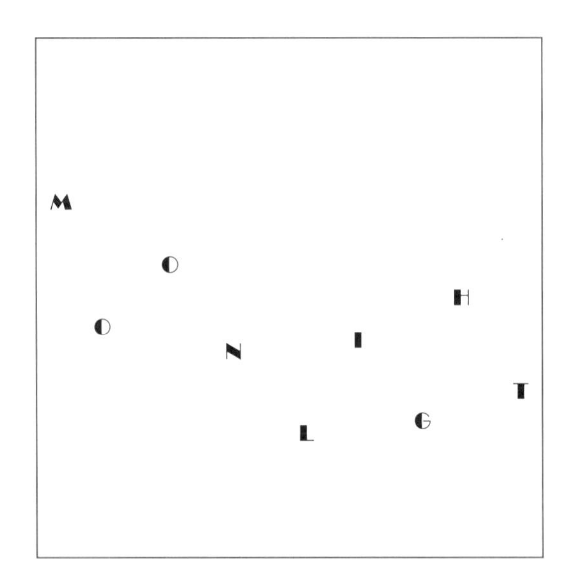

主题：Moonlight（月光），作者：杨芝语

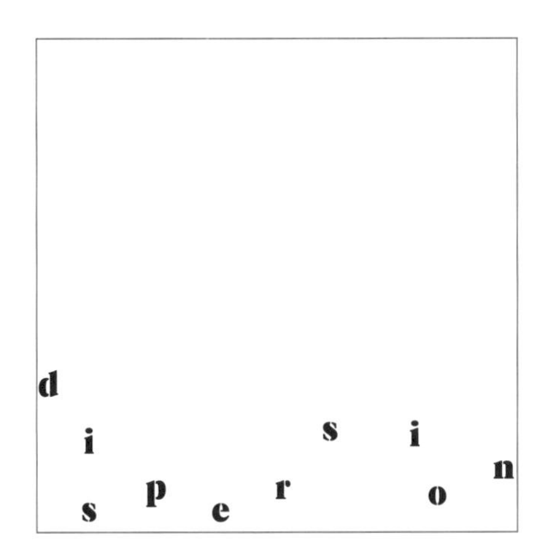

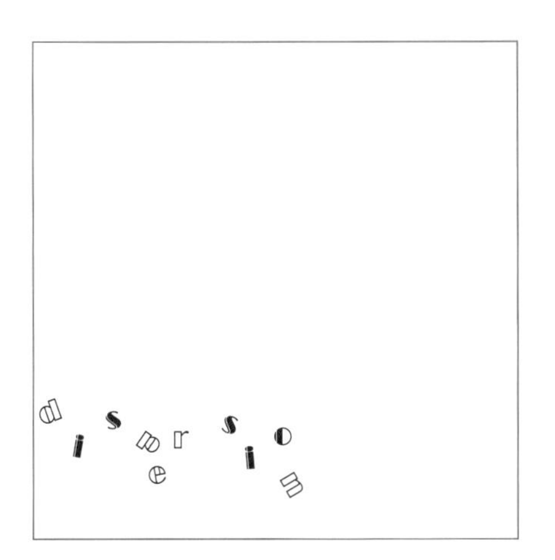

主题：Dispersion（分散）
作者：王绮琪

练习 3：单词的线形排列

主题：Emotion（感情）系列
作者：严家清

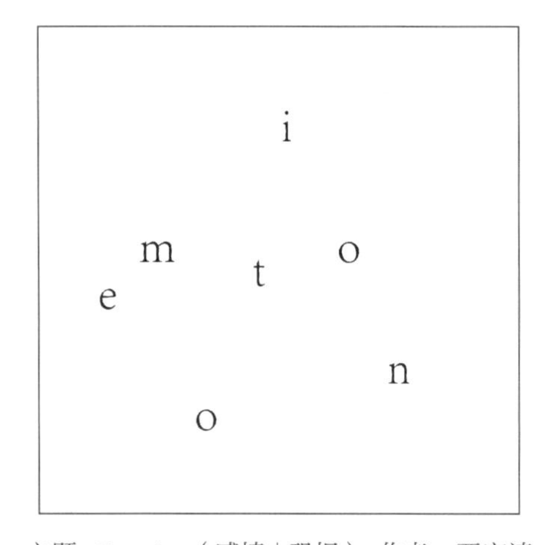

主题：Emotion（感情 | 恐惧），作者：严家清

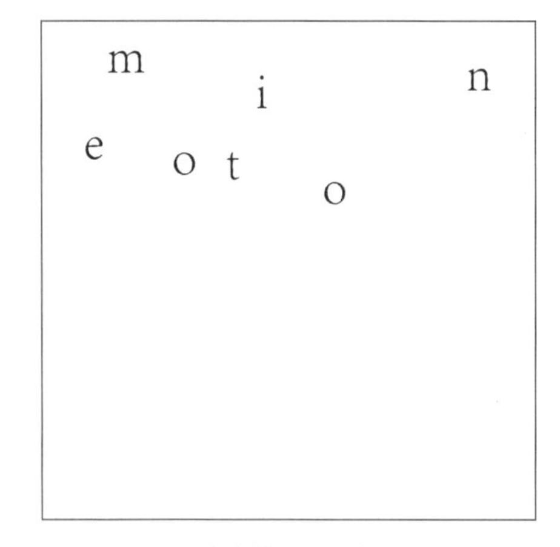

主题：Emotion（感情 | 放空），作者：严家清

e

m

o t i o n

主题：Emotion（感情 | 伤心），作者：严家清

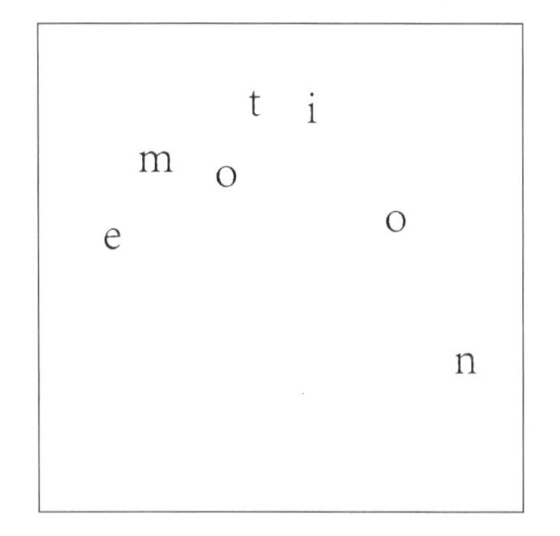

主题：Emotion（感情 | 雀跃），作者：严家清

主题：Emotion（感情 | 落寞），作者：严家清

练习 4：单词的线形排列 + 抽象道具

在练习 3 文字线性排列的基础上适当增加抽象道具，使单词的含义能够更清晰和强烈地表达。

意象化的滴落的眼泪，强化了沮丧的情绪。

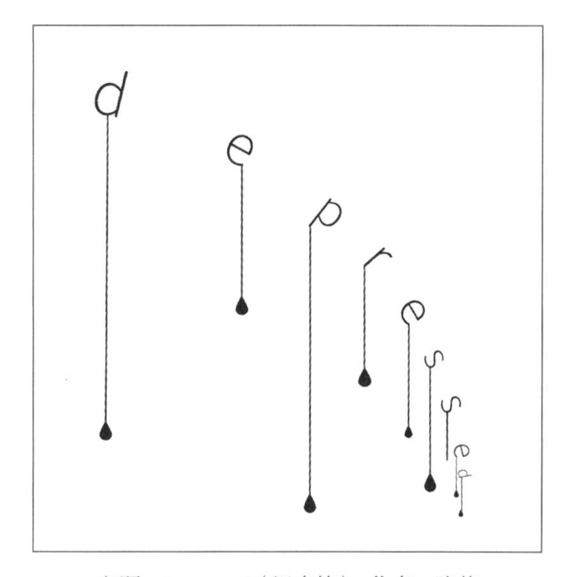

主题：Depressed（沮丧的），作者：陈莉

平行线强化平静的和谐之感。

主题：Calmness（平静），作者：陈莉

练习 4：文字的线形排列 + 抽象道具

主题：Necklace（项链），作者：王琦琪

弧形的线条使项链的形象更加明显，且与字母搭配具有装饰性。

主题：Sunset（日落），作者：王琦琪

弧线表现了日落太阳下山的动感。

抽象的波浪线，使人联想起水波纹和湖面，使月光的场景更加诗意和具体。

主题：Moonlight（月光），作者：杨芝语

由短变长的直线，意象化地表现出月光洒落的距离和空间。

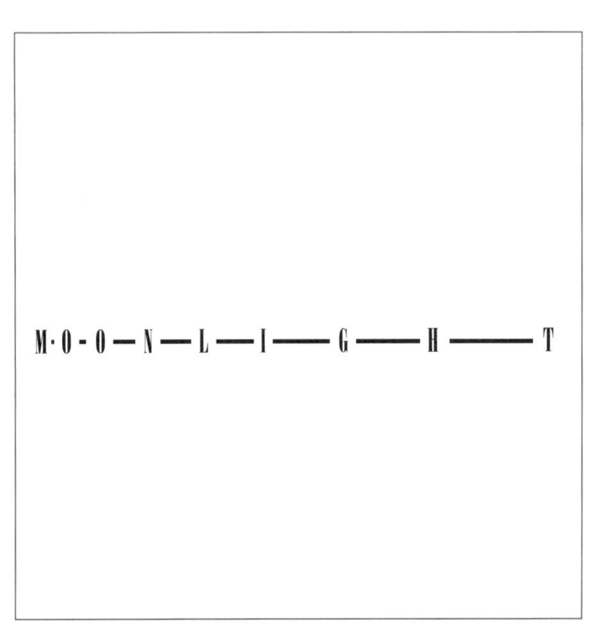

主题：Moonlight（月光），作者：杨芝语

练习 4：文字的线形排列 + 抽象道具

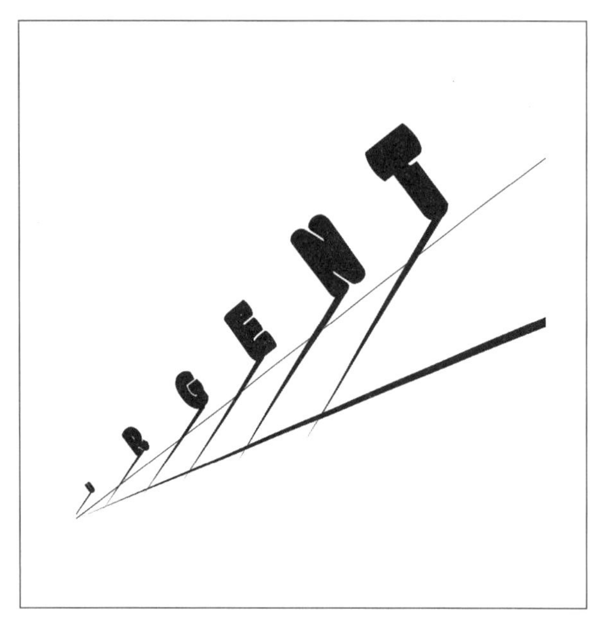

主题：Uergent（急切的），作者：陈莉

由大到小的字母以及放射状的线条，表现出急切的速度感。

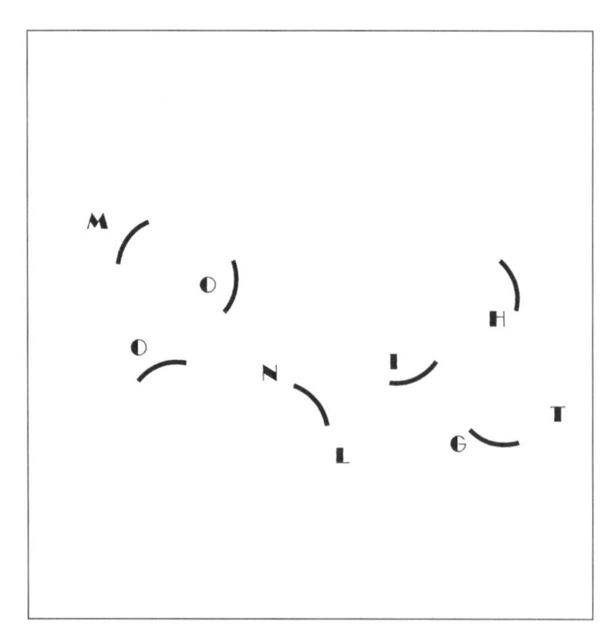

主题：Moonlight（月光），作者：杨芝语

围绕字母排列的短弧线，恰似月光下湖面的涟漪，具有诗意。

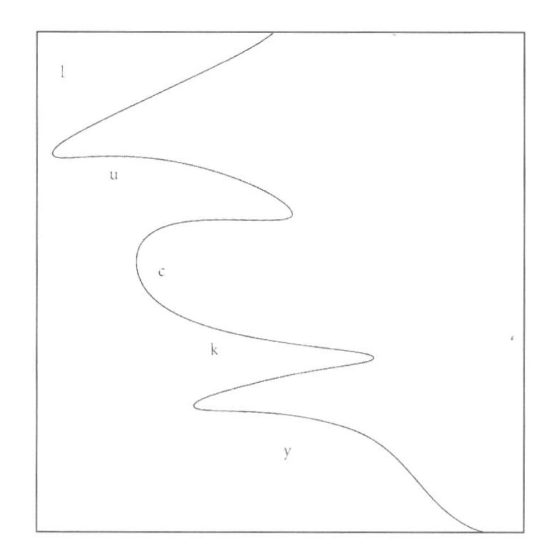

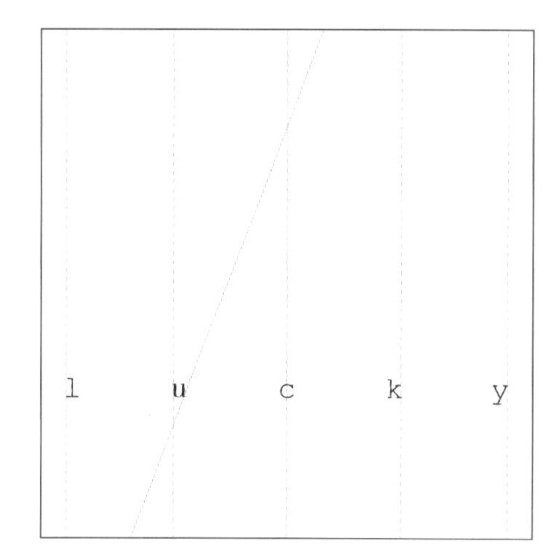

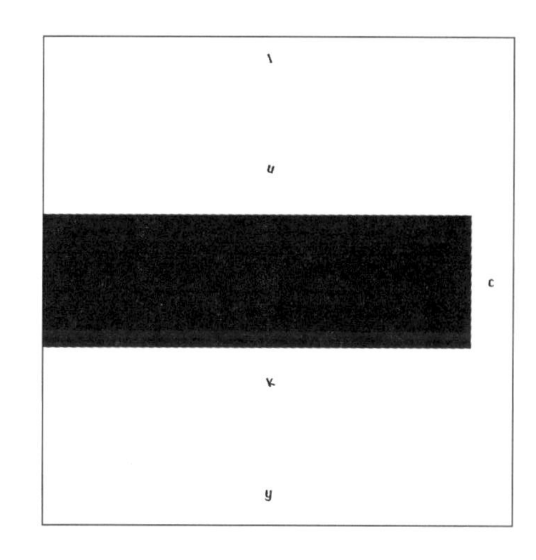

主题：Lucky（幸运的）
作者：林妍君

直线、曲线或是斜线，强化了字母排列的空间感和叙事性，形成字母“点”与“线条”的对比，使意义更加明确。

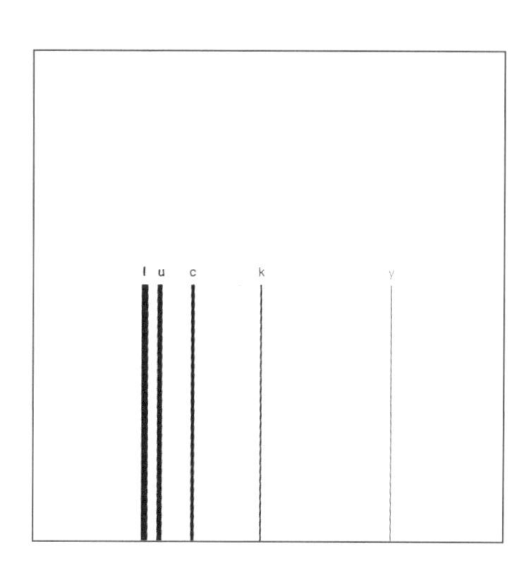

练习 4：文字的线形排列 + 抽象道具

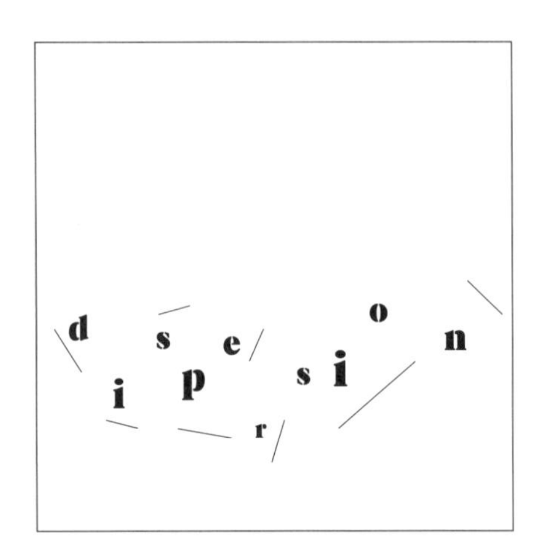

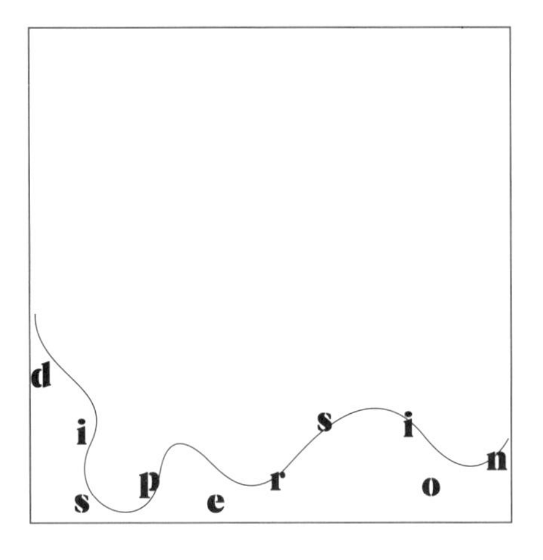

主题：Dispersion（分散）
作者：王绮琪

字母和不同方向的线条组合在一起，增强了趣味性。用不同字体、字号、字重和空间位置的字母排版，营造出不同感觉的“dispersion”（分散）效果。

主题：Emotion（感情）系列
作者：严家清

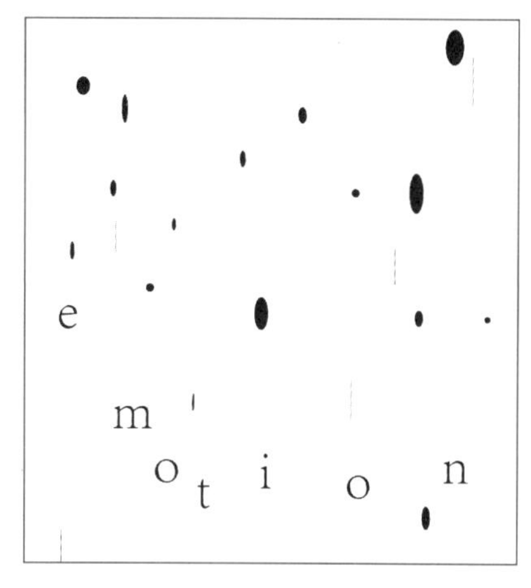

主题：Emotion 感情｜恐惧

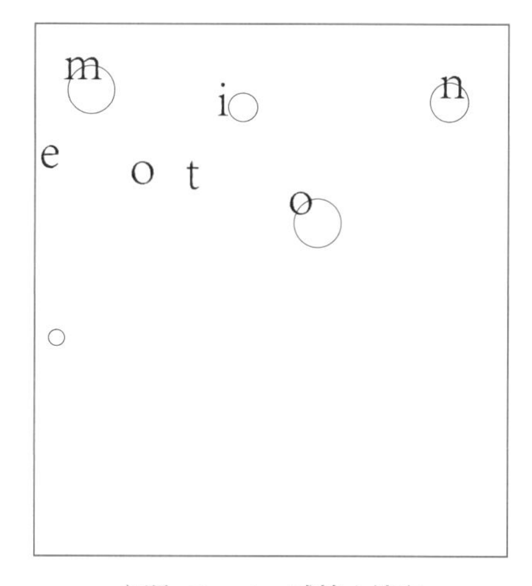

主题：Emotion 感情｜放空

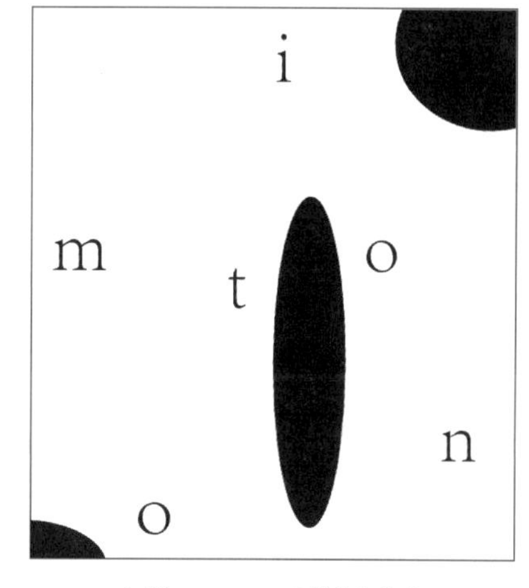

主题：Emotion 感情｜伤心

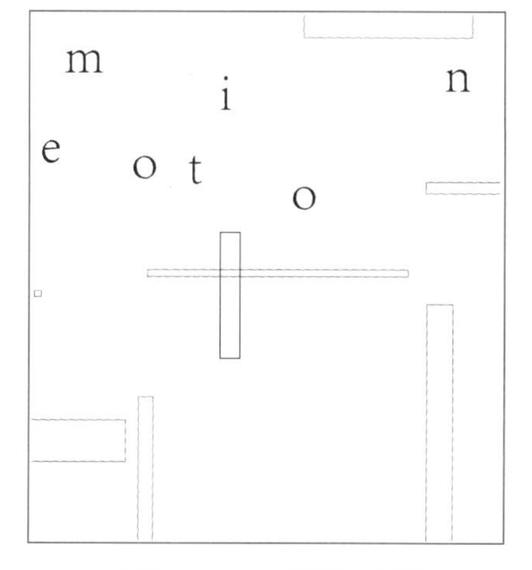

主题：Emotion 感情｜雀跃

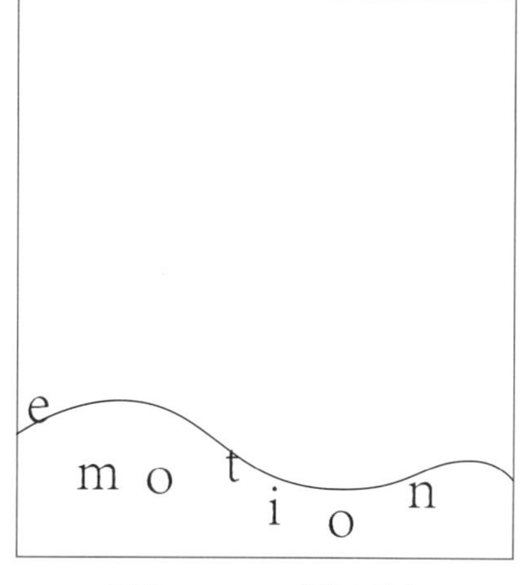

主题：Emotion 感情｜落寞

练习 5：主题词的创意排版

Paris in the Rain（雨中巴黎）是由 Lauv 演唱的歌曲，收录在同名专辑 *Paris in the Rain* 中，并于 2017 年 11 月 17 日发行。海报的主题图形是将歌曲的主题词“Paris in the Rain”进行可视化设计。由上至下逐渐虚化成圆形的像素点，呈现雨水垂落地面的效果，诗意地表达歌曲的浪漫情调。

主题：
Paris in the Rain
（雨中巴黎）

字体：
Franklin Gothic Medium

作者：
李敏源

将尼克·乔纳斯（Nick Jonas）演唱的歌曲的名称 *This is Heaven*（如临天堂）作为海报的核心创意点进行设计，发现字母“T”“H”“I”“S”在三个单词间的共用关系，并配合分割、造影图形的手法，趣味性地传达主题词的意义。

主题：
This is Heaven
（如临天堂）

字体：
IBM Plex Serif、
Helvetica Neue

字号：
143pt、11pt

作者：
刘欣雪

练习 5：主题词的创意排版

海报的核心创意点仍然从这一歌曲的主题词展开。将抽象画的蓝色圆点连接起来构成“云”，浅蓝色的背景传达天堂的意象。蓝色圆点中反白的文字连接起来构成歌曲的主题词，同时每一个字母又与框外前后排列的字母，构成了歌词中的其他关键词，增强海报的趣味性。

Songwriters　Nick Jonas　Maureen McDonald　Greg Kurstin

Now I'm a believer

and me here right now

Than you

Here

Than

without fear

wIthout

your prayer falls from my lips

k　Every kiss　with you

fallS

ISs

This Is Heaven

2021
Single by Nick Jonas

主题：
This is Heaven
（如临天堂）

字体：
IBM Plex Serif,
Helvetica Neue

字号：
143pt、11pt，

作者：
刘欣雪

尝试将歌手凯莉·克拉克森（Kelly Clarkson）演唱的歌曲 *Catch My Breath*（屏息以待）主题字做出镜像、模糊的效果，试图表达眩晕和视线不清之感。

主题：
Catch My Breath
（屏息以待）

字体：
Helvetica

字号：
106pt、10pt

作者：
黄秋实

练习 5：主题词的创意排版

将歌曲 *Pretty Girls Walk*（佳人漫步）的主题词作为核心创意设计海报，共用字母“R”与“L”，并通过颜色区分，引导阅读，形成主体图形。

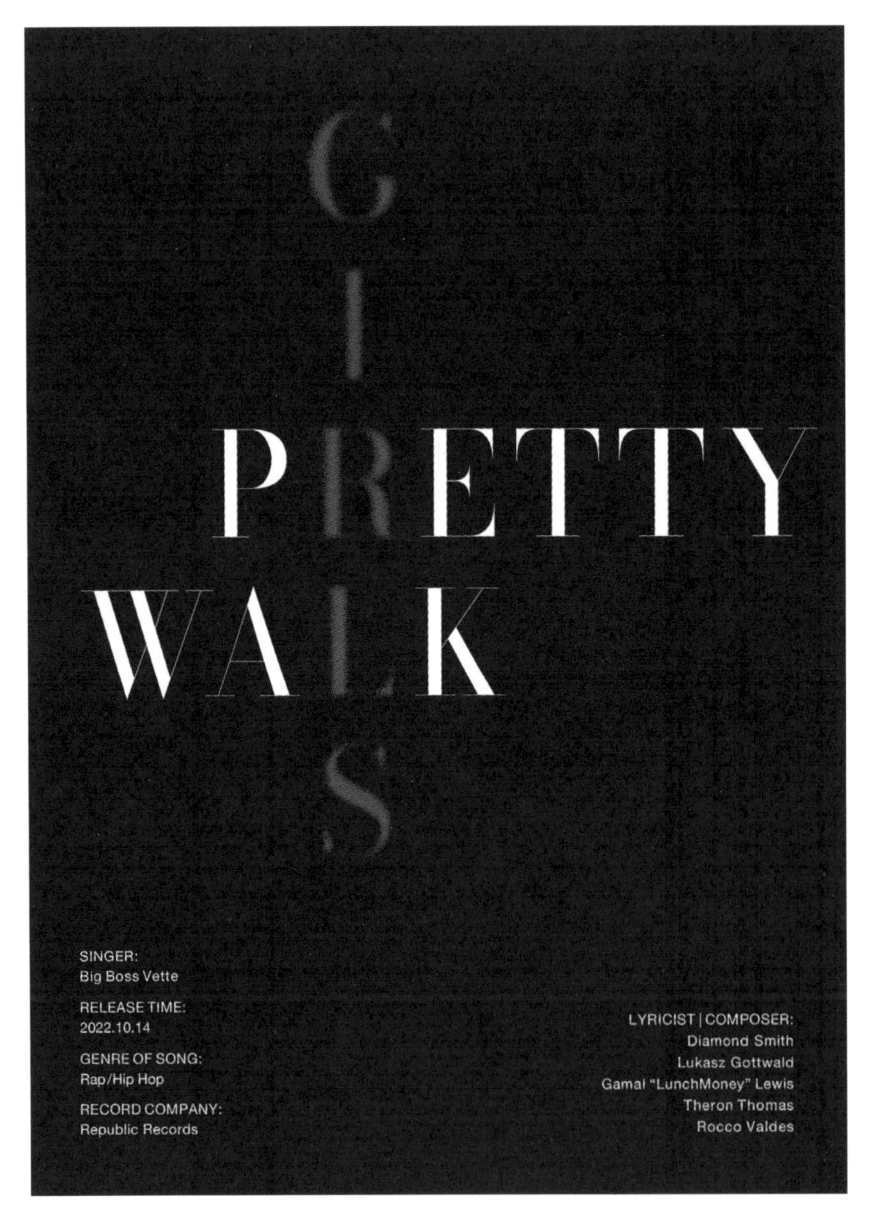

主题：
Pretty Girls Walk
（佳人漫步）

字体：
Bodoni Moda、Helvetica

字号：
106pt、10pt

作者：
刘俊潇

6 第 6 章 西文排版设计创意训练

字体为主导的设计在西文排版中是重头内容。本章将文字排版、版面变化的可能性，融入练习的各个具体条件设定中，通过“某音乐歌曲设计推广海报”案例进行示范，为读者深入浅出地展现如何在变与不变的排版中，取得画面丰富性和信息可读性之间的平衡。

练习 1~ 练习 5 是尝试利用歌曲主题词的重复、字体、字重、倾斜以及字体家族的变化，形成具有节奏与韵律的画面，表达歌曲的情感和内涵。在以上五种变量的作用下，利用文字排版设计出极其丰富的形态。

练习 6~ 练习 8 是在歌曲主题词进行创意排版的基础上，考虑海报整体的信息分类和层次区分，进行排版尝试，如：同种字号，同种字体；同种字号，两种字体；两种字号，同种字体等。

练习 1：重复排版的节奏与韵律

选择一首歌曲的主题词或词组进行重复排列，形成线形的节奏与韵律，以此表现音乐的主题与情感。要求绘制在正方形画面中，黑白表现。

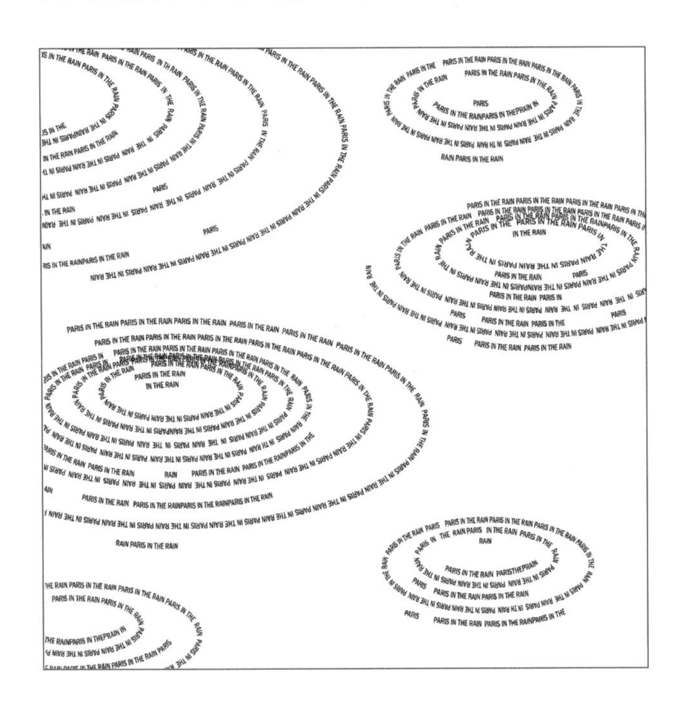

主题：Paris in the Rain
（雨中巴黎）
字体：Franklin Gothic Medium
字号：6pt，作者：李敏源

选择主题“Paris in the Rain”，尝试同种字体的四种不同字号的重复排列，形成不同粗细的文字线条，表现不同的节奏感。

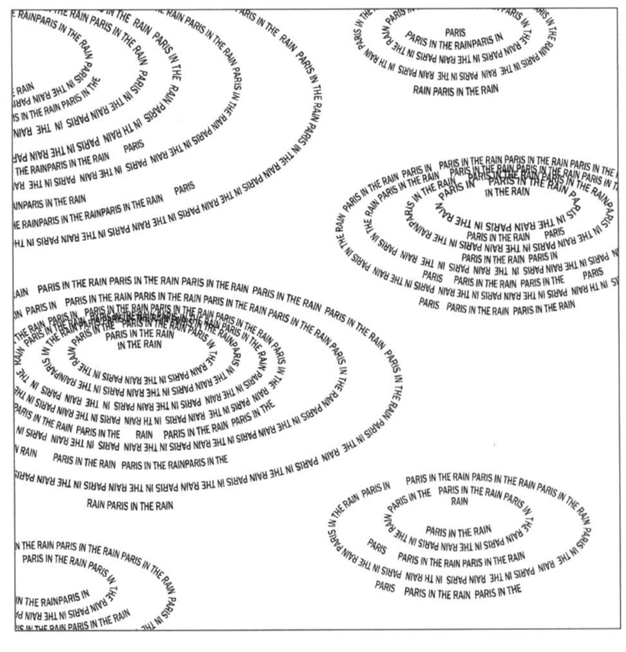

主题：Paris in the Rain
（雨中巴黎）
字体：Franklin Gothic Medium
字号：8pt，作者：李敏源

通过文字的重复环形排列，表现水滴泛起涟漪的效果。在字体的选择上，不仅展现了所形成线条的黑白关系，而且水滴的轻盈与饱满也通过这种强烈的对比关系得以传达。

主题：Paris in the Rain（雨中巴黎）
字体：Franklin Gothic Medium
字号：10pt，作者：李敏源

将字体重复组合形成弧线路径，整体线条富有动感，所选字体形成的线条呈现疏密、黑白的强烈对比。

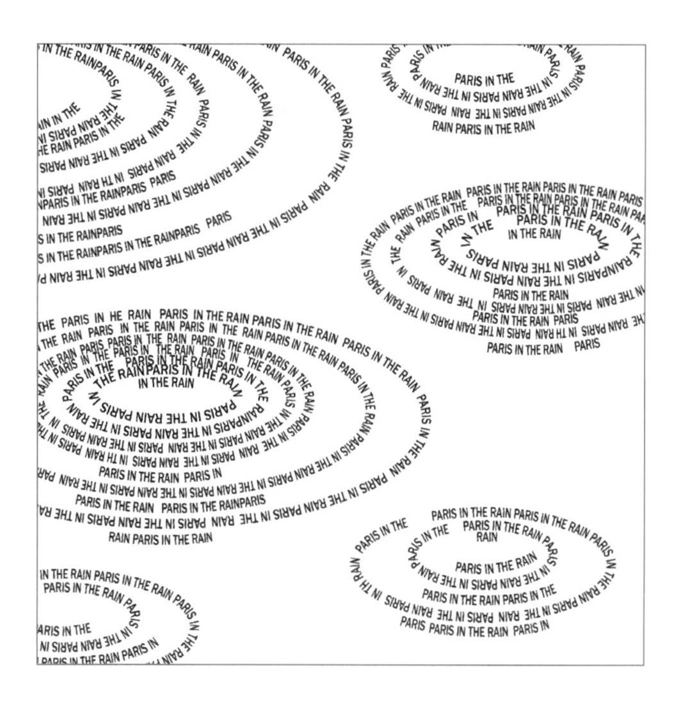

主题：Paris in the Rain（雨中巴黎）
字体：Franklin Gothic Medium
字号：12pt，作者：李敏源

将文字放大，形成的“字母涟漪”越粗，黑色画面的浓度越深。

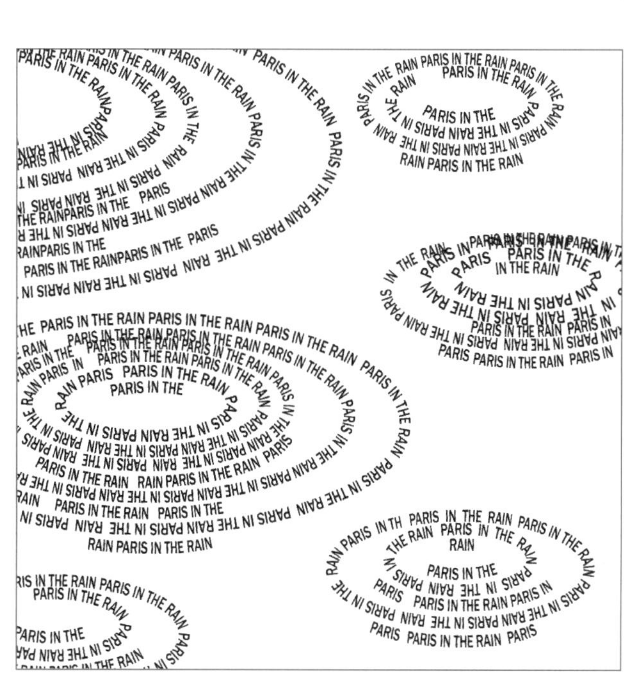

练习 1：重复排版的节奏与韵律

尝试同种字体的四种不同字号重复排列“This is Heaven”这一主题词，形成不同粗细的文字线条，表现这首歌的节奏感。字号小的文字连接成“细线”，大号文字连接成“粗线”，形成版面不同的肌理和形态。

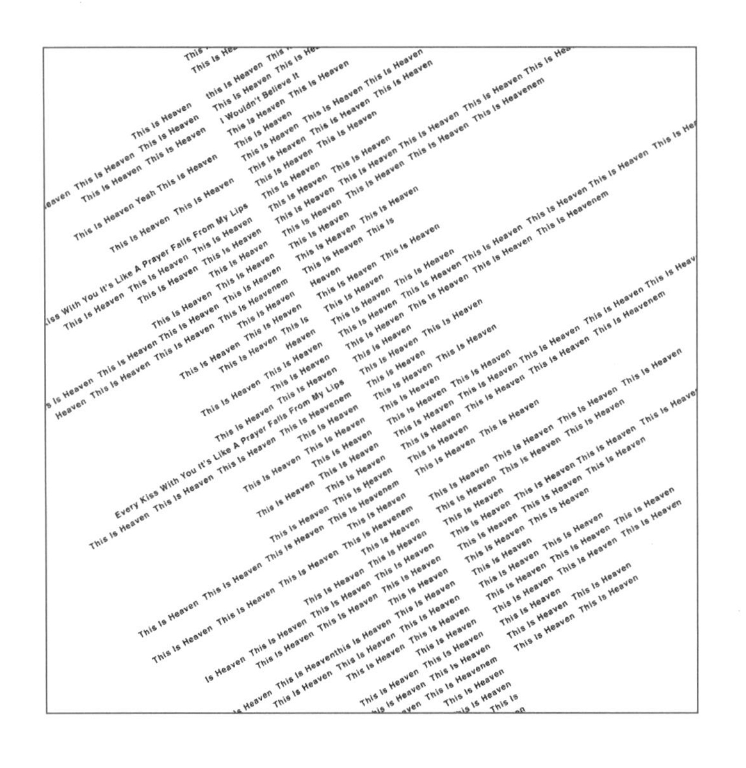

主题：This is Heaven
（如临天堂）
字体：Helvetica
字号：6pt，作者：刘欣雪

主题：This is Heaven
（如临天堂）
字体：Helvetica
字号：36pt，作者：刘欣雪

构图和字号的变化营造了文字的疏密节奏与黑白的对比，形成具有视觉冲击力的画面。

主题：This is Heaven
（如临天堂）
字体：Helvetica
字号：68pt，作者：刘欣雪

主题：This is Heaven
（如临天堂）
字体：Helvetica
字号：100pt，作者：刘欣雪

练习 1：重复排版的节奏与韵律

尝试同种字体的四种不同字号进行重复排列，形成不同粗细的文字线条，表现出 *Pretty Girls Walk* 这首歌曲韵律的婉转、悠扬。

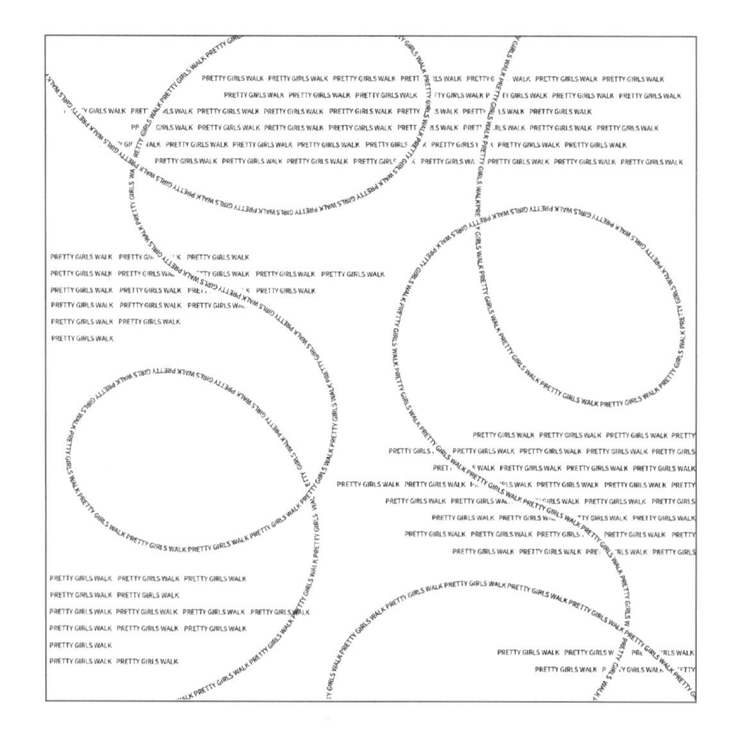

主题：Pretty Girls Walk
（佳人漫步）
字体：思源黑体
字号：6pt，作者：刘俊潇

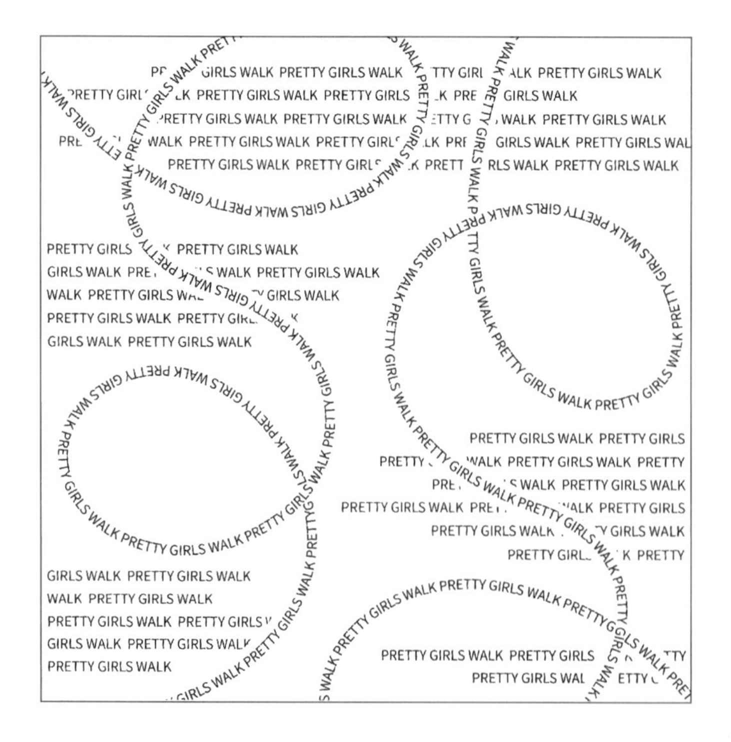

主题：Pretty Girls Walk
（佳人漫步）
字体：思源黑体
字号：12pt，作者：刘俊潇

右图使用同一字体、不同字号的重复组合，形成弧线路径，整体线条富有动感，所选字体形成疏密不同的黑白对比。

排版时需注意重叠部分文字的处理，需要打造层层覆盖的关系，并尽量保持文字的可读性。

主题：Pretty Girls Walk
（佳人漫步）
字体：思源黑体
字号：18pt，作者：刘俊潇

主题：Pretty Girls Walk
（佳人漫步）
字体：思源黑体
字号：24pt，作者：刘俊潇

练习 1：重复排版的节奏与韵律

尝试同种字体的四种不同字号重复排列 *Falling From the Sun* 这首英文歌曲的关键词“falling”，形成不同粗细的文字线条，表现单词“坠落”的含义。

主题：Falling from the Sun
（从太阳坠落）
字体：Avenir Next Condensed
字号：12pt，作者：吴颖晗

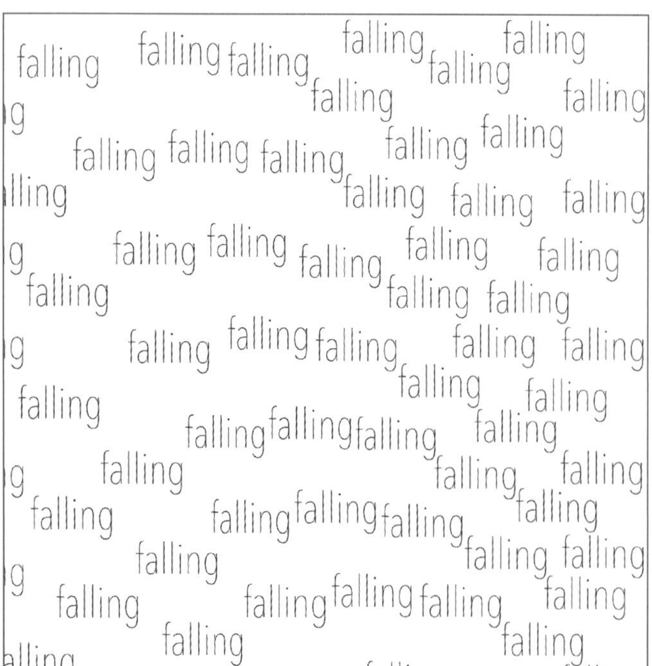

当“falling”一词变大到某种程度后，线形被打破，变成密集的“点”。

主题：Falling from the Sun
（从太阳坠落）
字体：Avenir Next Condensed
字号：20pt，作者：吴颖晗

将字体重复组合成为下落的弧线，呼应歌曲中优美跳动的旋律，同时传达“坠落”的主题。

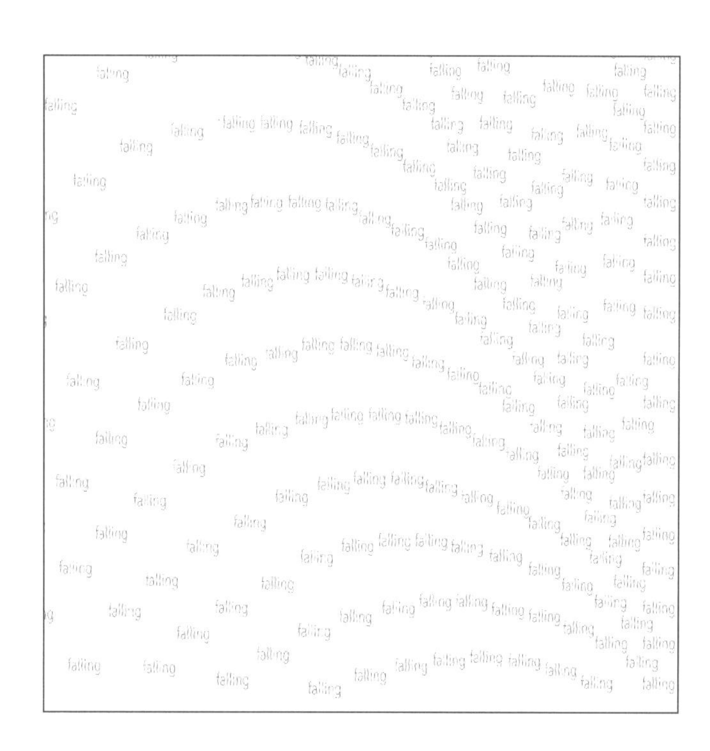

主题：Falling from the Sun
（从太阳坠落）
字体：Avenir Next Condensed
字号：8pt，作者：吴颖晗

单词的字号越小，线形越来越断断续续。

主题：Falling from the Sun
（从太阳坠落）
字体：Avenir Next Condensed
字号：3pt，作者：吴颖晗

练习 1：重复排版的节奏与韵律

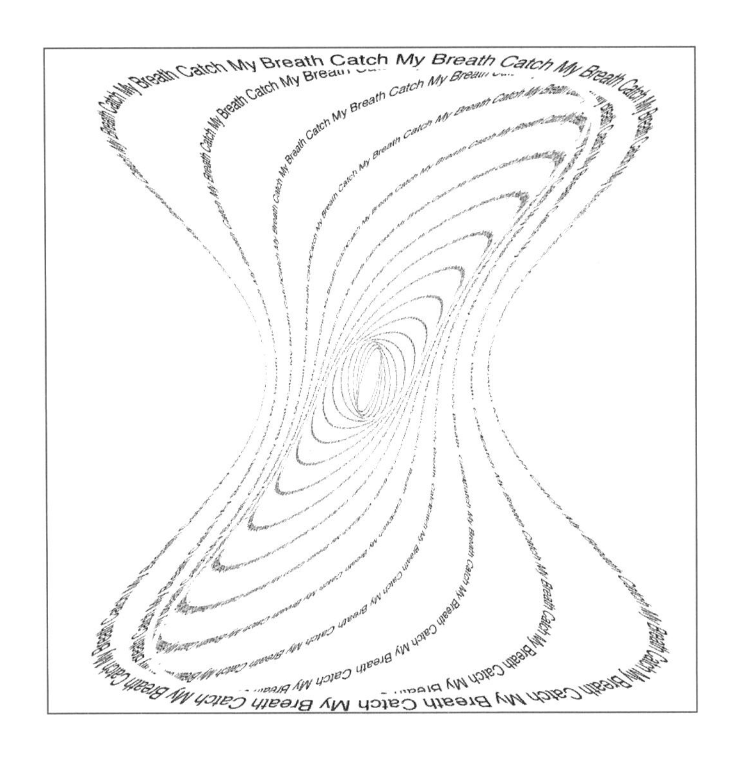

尝试同种字体的四种不同字号重复排列，形成不同粗细的文字线条，编辑形成中间细、上下宽的漩涡状，诠释歌词主题词“Catch My Breath”，表达扼住咽喉屏息以待之意。

主题：Catch My Breath
（屏息以待）
字体：Helvetica
字号：10pt，作者：黄秋实

主题：Catch My Breath
（屏息以待）
字体：Helvetica
字号：24pt，作者：黄秋实

将字体重复组合为弧线路径，整体线条富有动感，所选字体的大小不同，形成的线的疏密、黑白对比不同，经过变形后使这种线形排列呈现出更多可能。

主题：Catch My Breath
（屏息以待）
字体：Helvetica
字号：34pt，作者：黄秋实

主题：Catch My Breath
（屏息以待）
字体：Helvetica
字号：54pt，作者：黄秋实

练习 2：字体排版的节奏与韵律

选择练习 1 中一幅中等字号的作品，尝试使用两种不同的字体进行重复排列，对比不同字体文字的线性排版效果，形成不同色调的黑白关系及视觉风格。

注意通过不同字体的重复组合成线，使整体线条富有动感，所选字体形成的线疏密、黑白对比强烈。

主题：This is Heaven（如临天堂）
字体：Minion Variable Concept
字号：100pt，作者：刘欣雪

主题：This is Heaven（如临天堂）
字体：Helvetica Now Text
字号：100pt，作者：刘欣雪

通过字体笔画的粗线对比，连接成线形后，呈现出不同的黑白关系。

主题：Paris in the Rain（雨中巴黎）
字体：Broadway Regular
字号：8pt，作者：李敏源

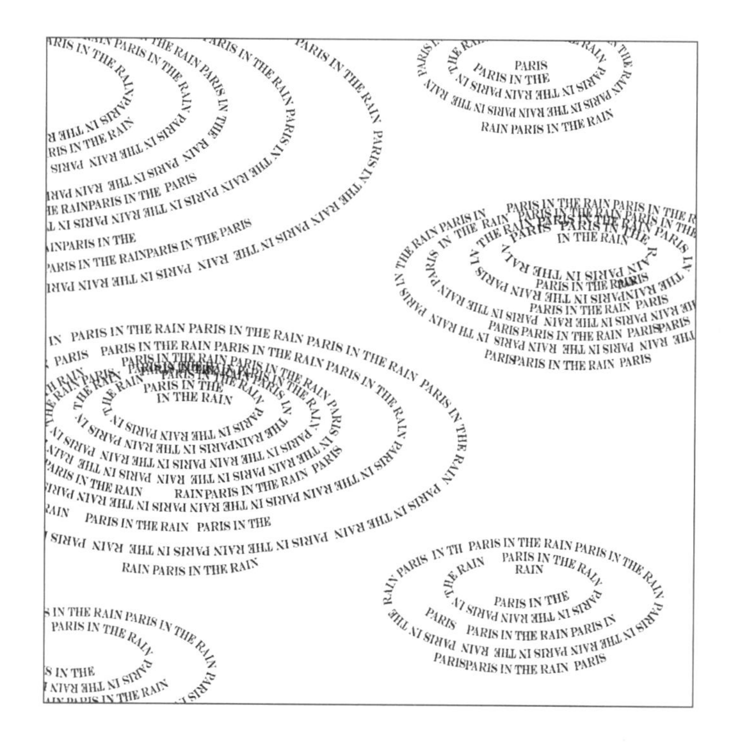

主题：Paris in the Rain（雨中巴黎）
字体：Engravers MT Regular
字号：8pt，作者：李敏源

练习 2：字体排版的节奏与韵律

通过无衬线字体与衬线字体的对比，表现出文字线条的黑白关系与节奏。

显然左图字重较重的文字线条黑白对比强烈。

主题：Pretty Girls Walk（佳人漫步）
字体：Acumin Variable Concept
字号：12pt
作者：刘俊潇

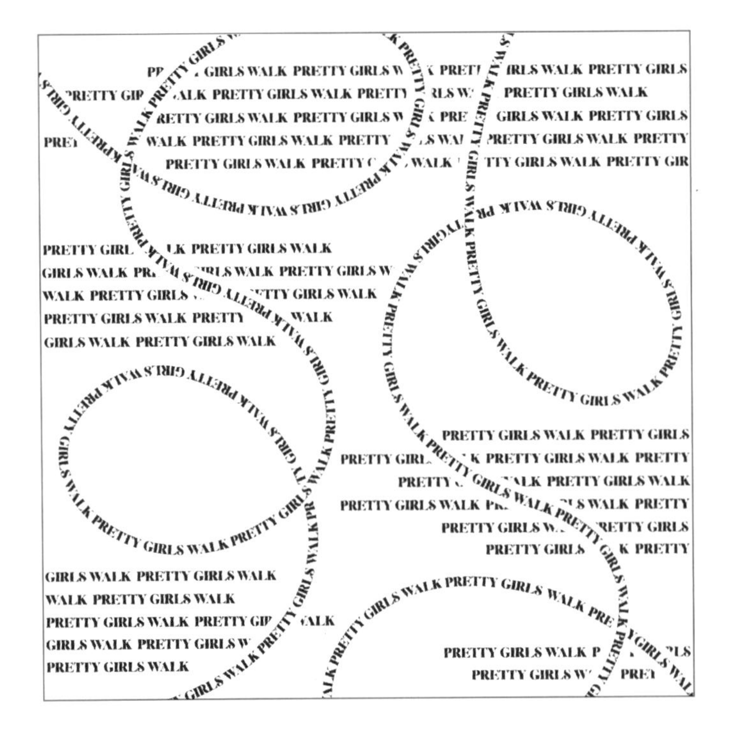

主题：Pretty Girls Walk（佳人漫步）
字体：Qillo
字号：12pt
作者：刘俊潇

通过不同字体的重复组合成线，表现出连续与错落的韵律。

两款截然不同的字体强化了旋转、重复排列后图形呈现的不同调性。

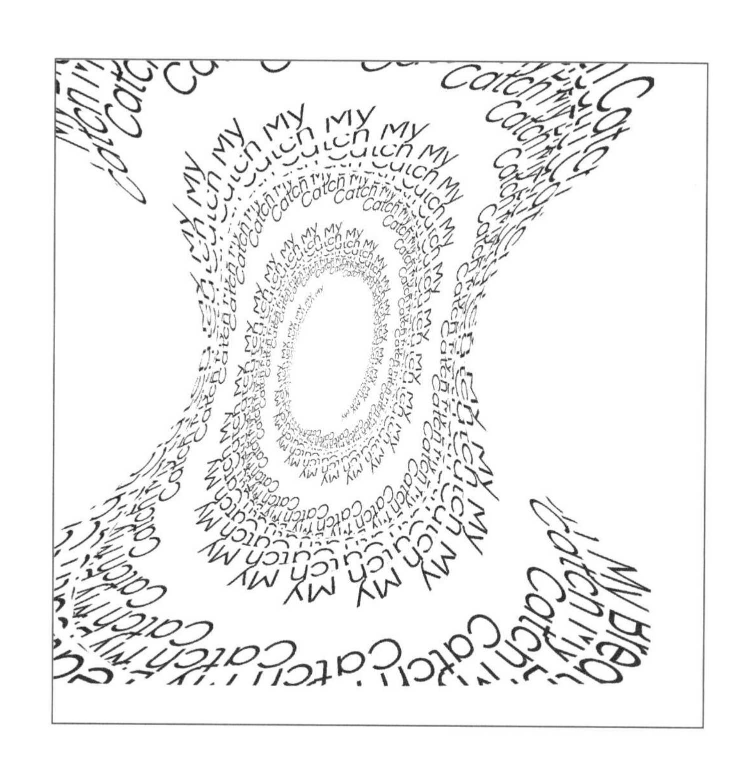

主题：Catch My Breath（屏息以待）
字体：Gilroy
字号：44pt
作者：黄秋实

主题：Catch My Breath（屏息以待）
字体：Georgia
字号：44pt
作者：黄秋实

练习 3：字重排版的节奏与韵律

尝试两种不同字重的字体重复排列，对比两种文字线条形成的不同黑白关系。

将粗细笔画截然不同的字体重复斜向排列，形成强烈的黑白对比与视觉冲击。

主题：This is Heaven（如临天堂）
字体：Helvetica Now Text
字号：100pt
作者：刘欣雪

主题：This is Heaven（如临天堂）
字体：Helvetica Now Text
字号：100pt
作者：刘欣雪

尝试同一种字体、两种不同的字重，进行重复排列，探索不同字重对文字线条黑白关系的影响。

PRETTY GIRLS WALK PRETTY GIRLS WALK
PRETTY GIRLS WALK PRETTY GIRLS WALK PRETTY GIRLS WALK
PRETTY GIRLS WALK PRETTY GIRLS WALK PRETTY GIRLS WALK
WALK PRETTY GIRLS WALK PRETTY GIRLS WALK PRETTY GIRLS W
PRETTY GIRLS WALK PRETTY GIRLS WALK PRETTY GIRLS WALK
PRETTY GIRLS WALK PRETTY GIRLS WALK
GIRLS WALK PRETTY GIRLS WALK PRETTY GIRLS WALK
WALK PRETTY GIRLS WALK PRETTY GIRLS WALK
PRETTY GIRLS WALK PRETTY GIRLS WALK
GIRLS WALK PRETTY GIRLS WALK
PRETTY GIRLS WALK PRETTY GIRLS
PRETTY GIRLS WALK PRETTY GIRLS WALK PRETTY
PRETTY GIRLS WALK PRETTY GIRLS WALK
PRETTY GIRLS WALK PRETTY GIRLS WALK PRETTY GIRLS
PRETTY GIRLS WALK PRETTY GIRLS WALK
PRETTY GIRLS WALK PRETTY
GIRLS WALK PRETTY GIRLS WALK
WALK PRETTY GIRLS WALK
PRETTY GIRLS WALK PRETTY GIRLS
GIRLS WALK PRETTY GIRLS WALK
PRETTY GIRLS WALK
PRETTY GIRLS WALK PRETTY GIRLS
PRETTY GIRLS WALK PRETTY
PRETTY GIRLS WALK PRETTY GIRLS WALK PRETTY GIRLS WALK PRETTY GIRLS WALK

主题：Pretty Girls Walk（佳人漫步）
字体：HONOR Sans regular
字号：12pt
作者：刘俊潇

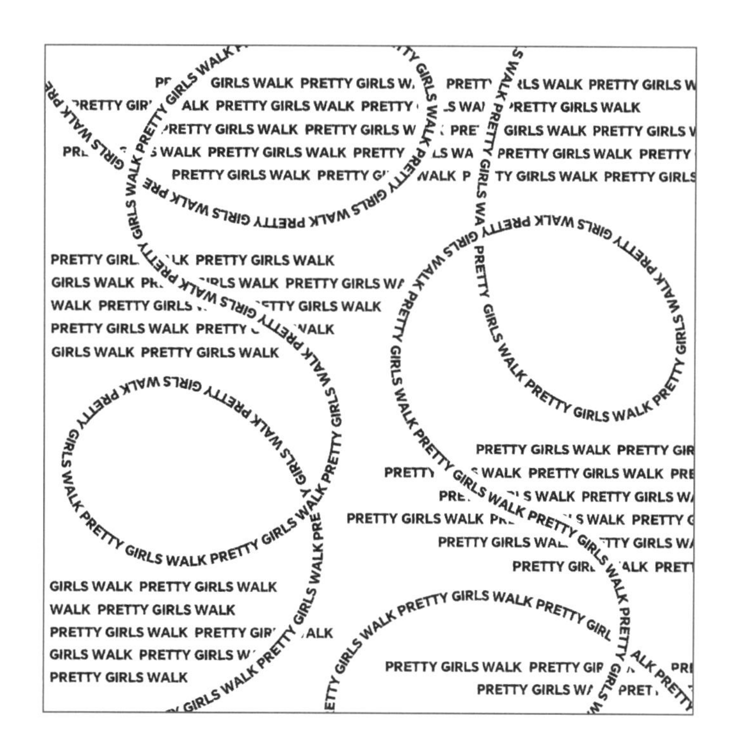

主题：Pretty Girls Walk（佳人漫步）
字体：HONOR Sans Bold
字号：12pt
作者：刘俊潇

练习 3：字重排版的节奏与韵律

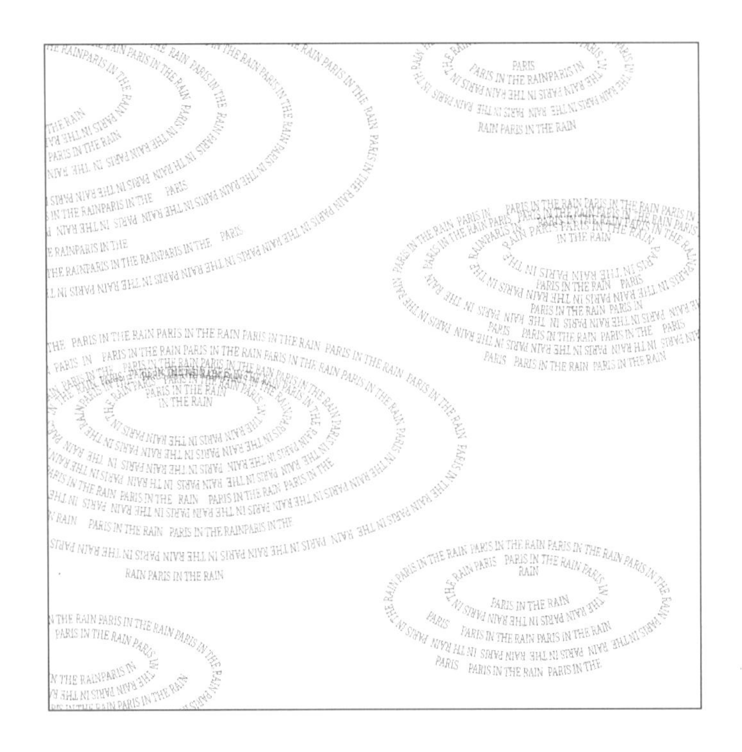

将字体重复组合为弧线路径，字体的字重越重，则线条越粗、越黑，反之亦然。运用涟漪形的排版，表现出不同黑度的连续与错落的韵律。

主题：Paris in the Rain（雨中巴黎）
字体：Source Serif
　　　Variable Semibold
字号：8pt
作者：李敏源

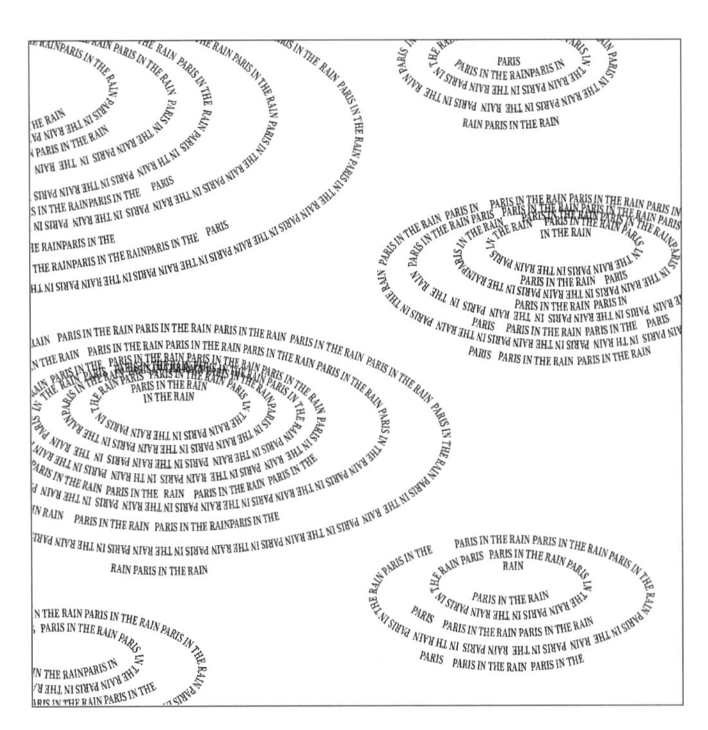

主题：Paris in the Rain（雨中巴黎）
字体：Source Serif Regular
字号：8pt
作者：李敏源

主题：Catch My Breath（屏息以待）
字体：Helvetica regular
字号：37pt
作者：黄秋实

主题：Catch My Breath（屏息以待）
字体：Helvetica Bold
字号：37pt
作者：黄秋实

练习 3：字重排版的节奏与韵律

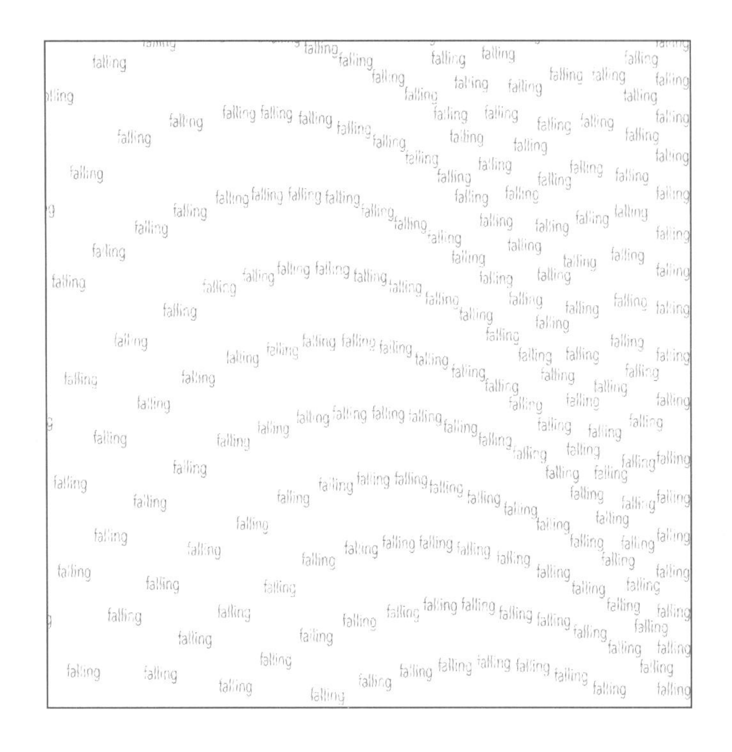

通过不同字重的转换，使字体构成的线条和运动趋势发生有趣的变化，传达不同的心理感受。

主题：Falling from the Sun
（从太阳坠落）
字体：Avenir Next Condensed
字号：8pt
作者：吴颖晗

falling falling falling falling falling falling falling falling fallir
ng falling falling falling
falling falling falling falling falling falling falling falling falling fallir
falling falling falling falling falling
falling falling falling falling falling falling fallir
alling falling falling falling falling falling
falling falling falling falling falling falling fallir
falling falling falling falling falling falling
falling falling falling falling falling fallin
falling falling falling falling falling falling falling falling fallir
ing falling falling falling falling falling falling falling
falling falling falling falling falling fallir
falling falling falling falling falling falling falling
falling falling falling falling falling falling fallir
falling falling falling falling falling falling
g falling falling falling falling falling falling fallir
falling falling falling falling falling falling falling falling fallir
falling falling falling falling falling falling falling falling
falling falling falling falling falling falling falling fallir
ng falling falling falling falling falling falling falling falling
falling falling falling falling falling falling fallir
falling falling falling falling falling falling falling falling
falling falling falling falling falling falling falling falling fallir
g falling falling falling falling falling falling falling falling fallir
falling falling falling falling falling falling falling fallin
ng falling falling falling falling falling falling falling falling falling fallir

主题：Falling from the Sun
（从太阳坠落）
字体：Avenir Next Bold
字号：8pt
作者：吴颖晗

练习 4：倾斜排版的节奏与韵律

选择练习 3 中的一幅作品，再尝试使用倾斜字体进行重复排列，对比文字线条的黑白关系。注意倾斜后的字体是否能够增加排版的整体动感。

主题：
Paris in the Rain
（雨中巴黎）

字体：
Informal Roman Regular

字号：
8pt

作者：
李敏源

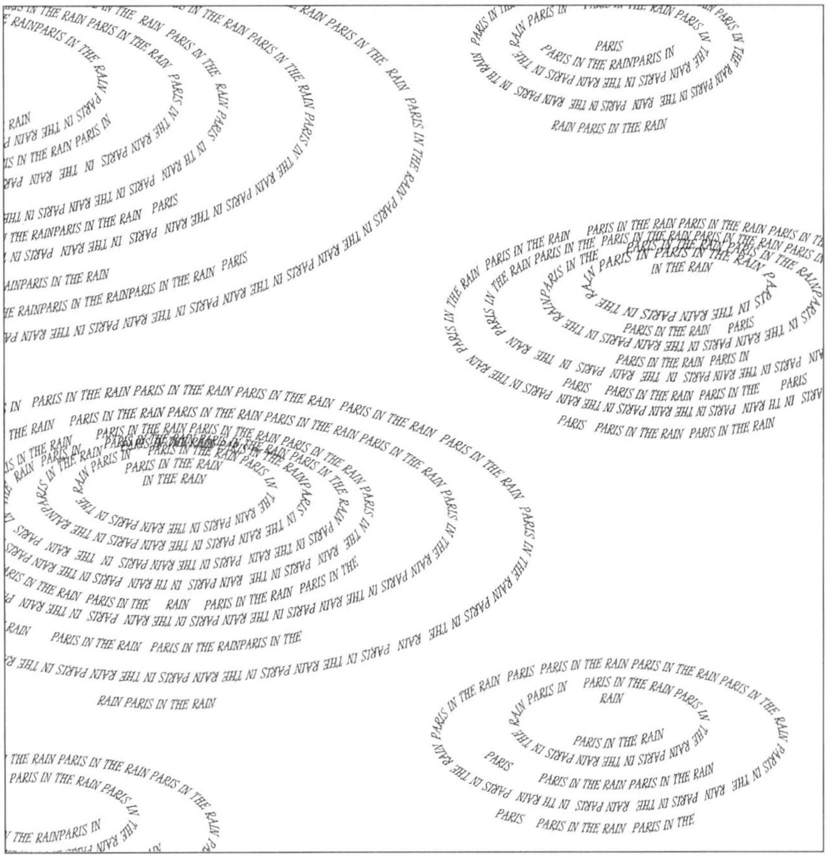

练习 4：倾斜排版的节奏与韵律

尝试将字体倾斜、卷曲，形成具有透视和空间感的字群，倾斜字体勾勒出字群随机摆动的方向，黑白关系对比出字群的空间，表现音乐悠扬的节奏感和韵律感。

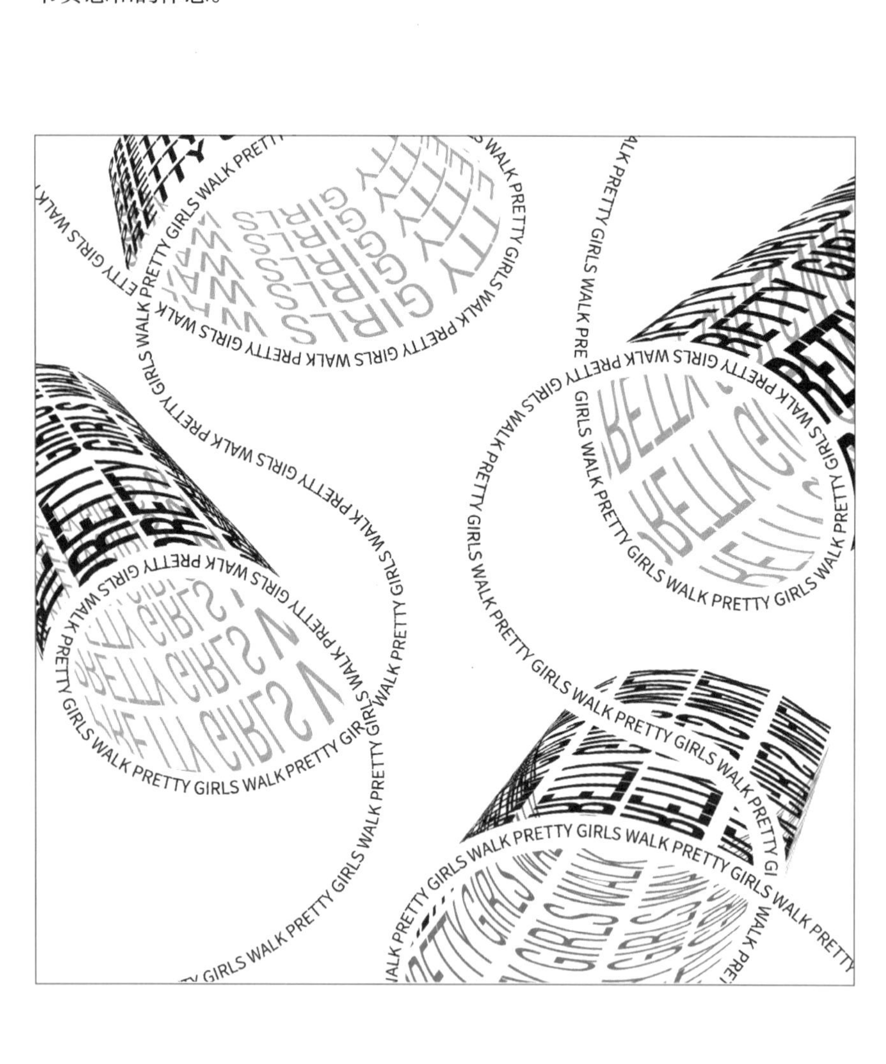

主题：
Pretty Girls Walk
（佳人漫步）

字体：
Helvetica

字号：
12pt 、36pt

作者：
刘俊潇

文字的连续性以及版式重复的节奏，形成黑白块面，并排版成邮票的形式，寓意寄往天堂的邮票，将歌词内容可视化。

主题：
This is heaven
（如临天堂）

字体：
Acumin Variable Concept

字号：8.5pt

作者：
刘欣雪

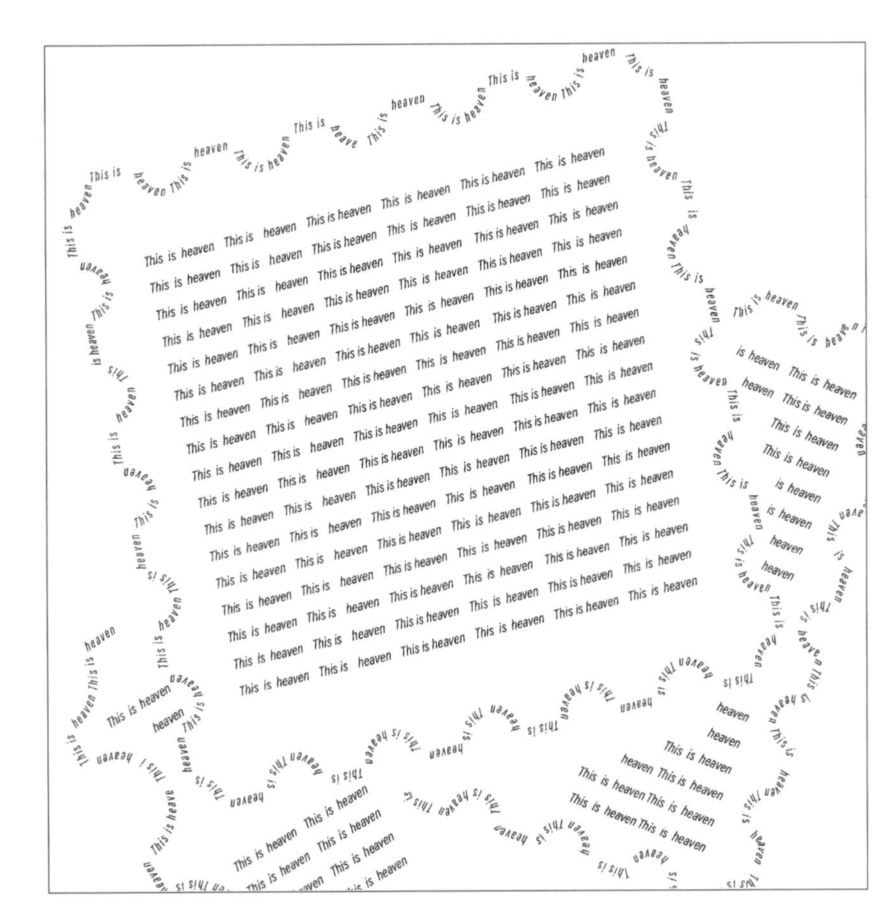

练习 4：倾斜排版的节奏与韵律

文字倾斜形成漩涡状，表达歌词“握住我的咽喉，屏息以待”的窒息感。漩涡状的文字排列形成动感。

主题：
Catch My Breath
（屏息以待）

字体：
Helvetica

字号：
37pt

作者：
黄秋实

文字倾斜，丰富了原有文字组合的运动感受，强调在风中倾斜运动、坠落的效果。

主题：
Falling from the Sun
（从太阳坠落）

字体：
Avenir Next Condensed

字号：
8pt

作者：
吴颖晗

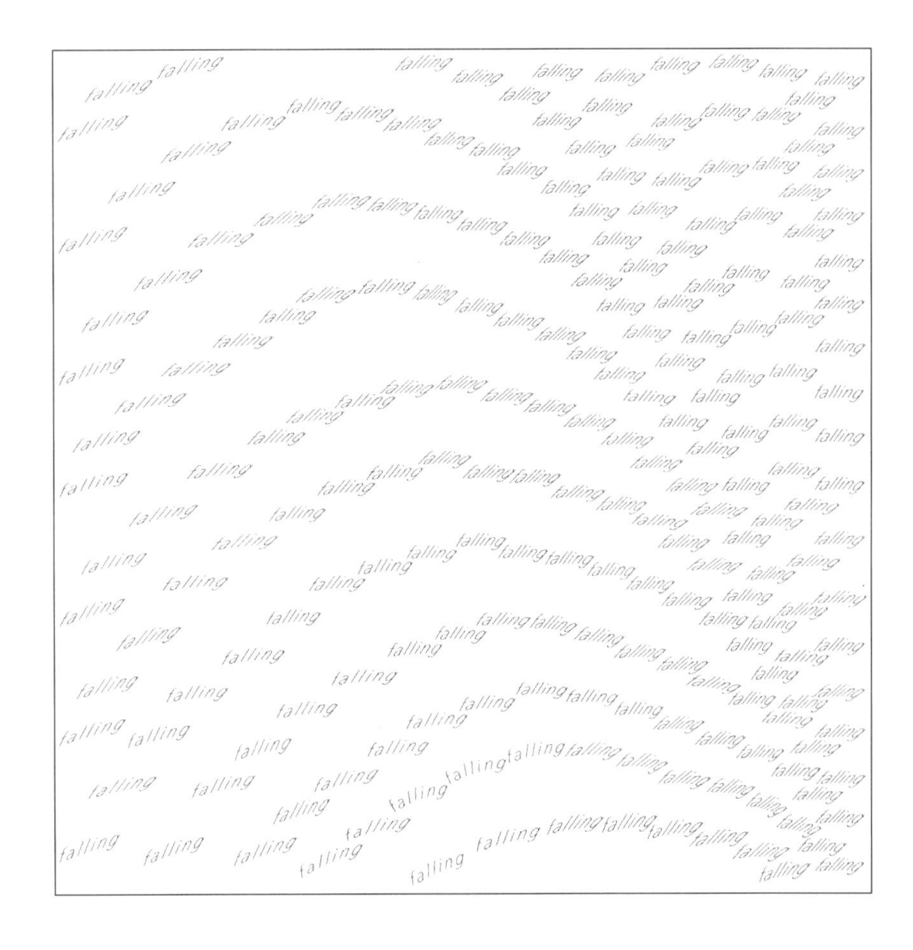

练习 5：字体家族排版的节奏与韵律

用“Acumin Variable Concept”字体家族，将从粗到细的不同字重的单词“Heaven”重复排列，形成渐变的画面，表现上升的空间感，呼应歌词天堂的意象。

不同字重文字排列形成了趣味性以及丰富的节奏感，注意上下左右间文字的比例和重叠关系。

主题：This is Heaven（如临天堂）
字体：Acumin Variable Concept
字号：117pt、7pt
作者：刘欣雪

加入同一字体更多不同的字重和字宽变化，以形成不同粗细、黑白的弧形，形成具有渐变效果的韵律感。

主题：This is Heaven（如临天堂）
字体：Acumin Variable Concept
字号：10pt
作者：刘欣雪

用“Helvetica”字体家族的不同字重、不同字宽进行叠加、分割和重复，形成具有灰度变化的动感字块，形成韵律感的画面。

字体的重复与字形的拉伸，形成线性排列与歌曲中不同节拍的律动。

主题：Pretty Girls Walk
（佳人漫步）
字体：Helvetica
字号：48pt
作者：刘俊潇

通过错落的字号和字重的变化，排列出黑白裙褶间的明暗关系，形成佳人漫步的动感视觉效果。

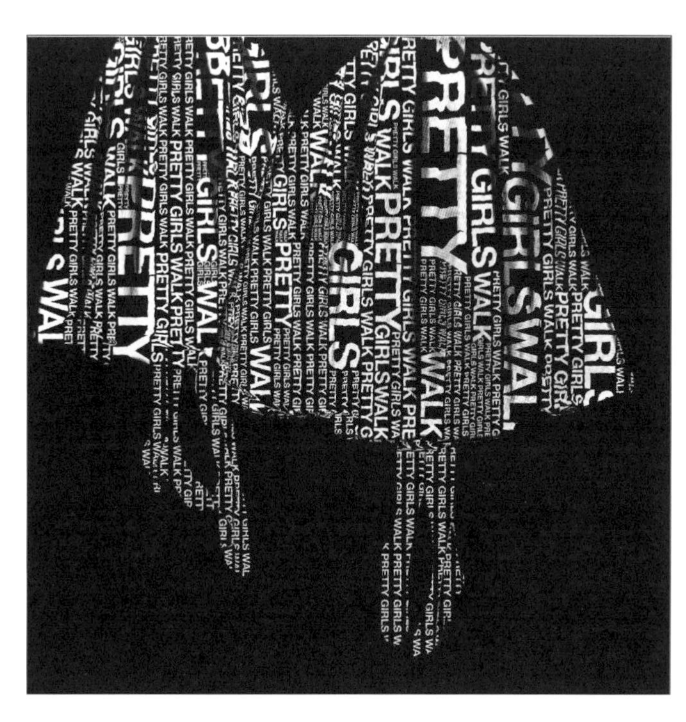

主题：Pretty Girls Walk
（佳人漫步）
字体：Helvetica
字号：多种字体
作者：刘俊潇

练习 5：字体家族排版的节奏与韵律

用一个字体家族的不同字重、不同字宽，或者不同行距以及不断重复的排列，尝试形成具有灰度变化的动感字块和韵律感的画面，且使形态能够表达歌词含义，在创意和排版时也可以参考照片的氛围以获取灵感。

用不同字重的单词重复形成黑白、疏密的节奏变化，画面整体呈现抽象的倒影效果，回应“雨中巴黎”的意向。

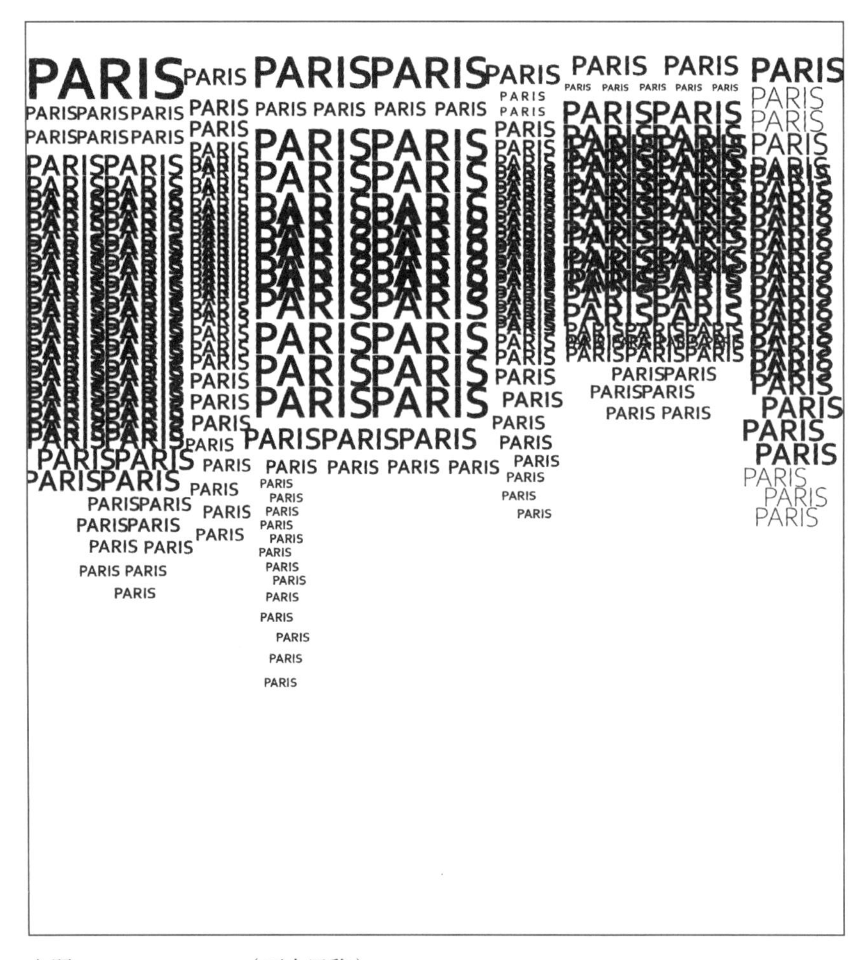

主题：Paris in the Rain（雨中巴黎）
字体：Franklin Gothic Medium
作者：李敏源

用字体“Helvetica CE 55 Roman”的不同字重、不同字宽，或者不同行距以及不断重复排列的文字，构成具有灰度变化的动感字块和韵律感的画面，且使形态能够表达歌词含义。

注意通过曲折的线条和特殊的字体处理形成富有电子感的视觉效果。

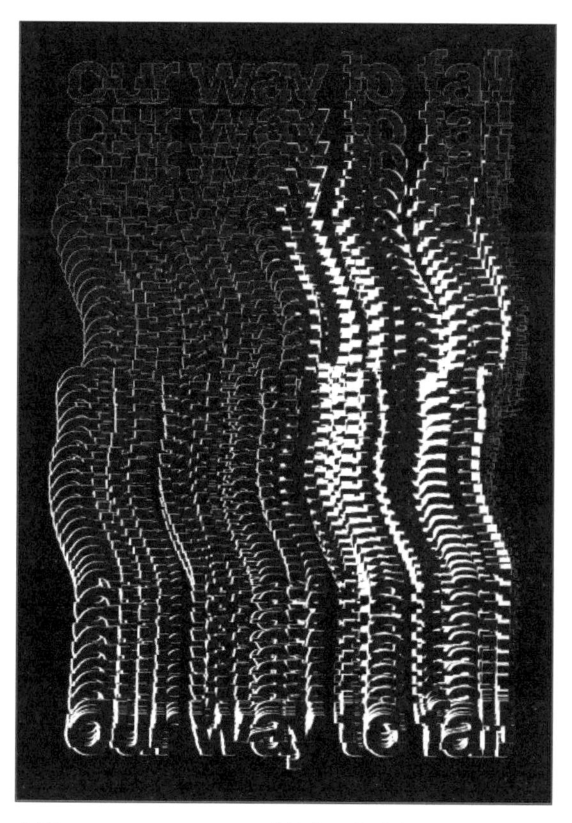

主题：Falling from the Sun（从太阳坠落）
字体：Helvetica CE 55 Roman
字号：70pt
作者：吴颖晗

注意圆弧形的运动线条和文字间通过下落形态形成的疏密变化，从而打造优雅下落的效果。

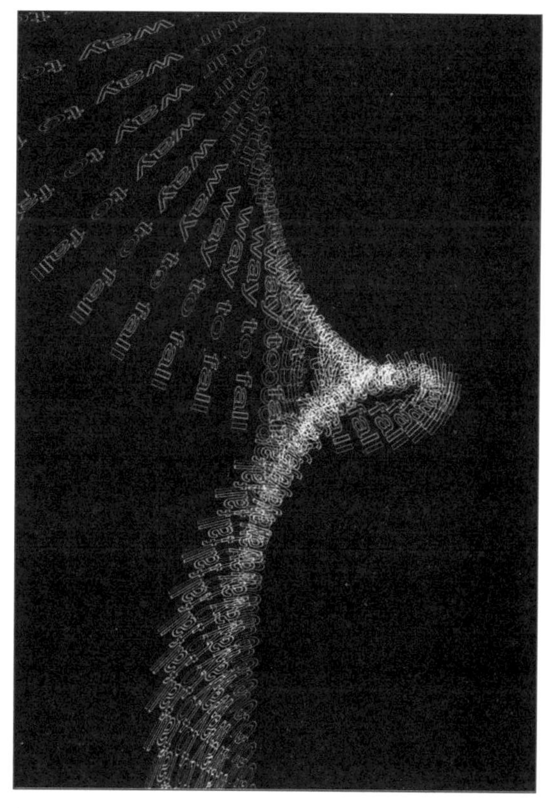

主题：Falling from the Sun（从太阳坠落）
字体：Helvetica CE 55 Roman
字号：50pt
作者：吴颖晗

练习 5：字体家族排版的节奏与韵律

字重一般指字体家族中笔画粗细带来的文字的“重度”或“黑度”。文字排列优美、平滑，呼应歌曲优雅、理性的旋律，以诗意的方式诠释“我们下落的方式”的主题。

主题：
Our Way to Fall
（我们下落的方式）

字体：
Helvetica CE 55 Roman

字号：
50pt

作者：
吴颖晗

通过字体“Helvetica CE 55 Roman”字重的变化和疏密变化，形成虚虚实实的动态感受，模仿雨滴下落的效果。

主题：
Falling from the Sun
（从太阳坠落）

字体：
Helvetica CE 55 Roman

字号：
30pt

作者：
吴颖晗

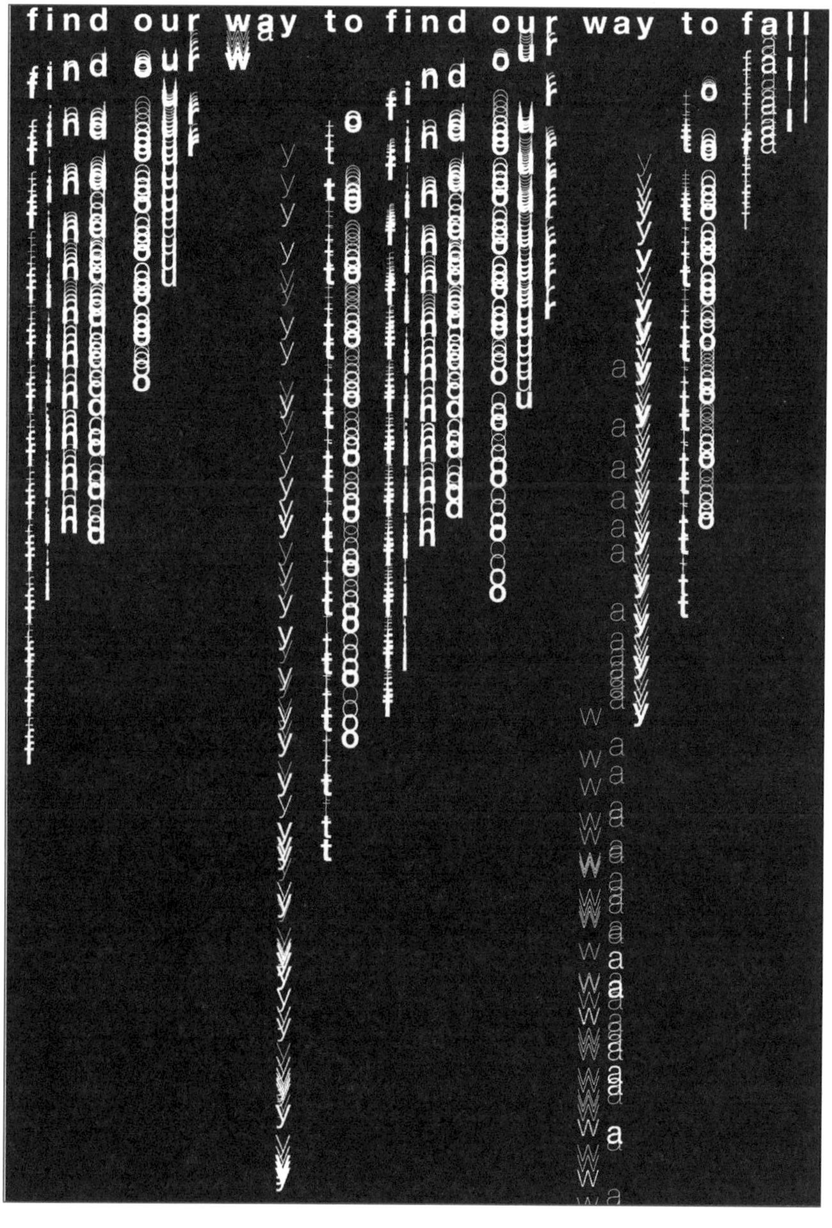

练习 6：信息层级的编辑与构建

以练习 5 的作品作为主体图形，将最上层的“Heaven”改成衬线体，整个图形的黑白关系随之改变，排版形成了不同的疏密关系和虚实对比。

两种字体，同种字号

This
Is Heaven

2021
Single by Nick Jonas

Songwriters

Nick
Jonas

Maureen
McDonald

Greg
Kurstin

主题：
This is Heaven
（如临天堂）

字体：
Helvetica、Minion
Variable Concept

字号：
7pt

作者：
刘欣雪

选择练习 5 的一幅作品作为主体图形，补全海报中其他必要的文字信息，在 A4 的画幅中设计 *This is Heaven* 这首歌曲的推广海报。

注意海报中的文字排版虽然只用了一种字体的一种字号，但信息的分组和分节，也能形成画面的虚实对比效果以及排版的趣味性和节奏感。

主题：
This is Heaven
（如临天堂）

字体：
Minion Variable Concept

字号：
7pt

作者：
刘欣雪

同种字体，同种字号

Songwriters
Nick Jonas
Maureen McDonald
Greg Kurstin

Songwriters
Nick Jonas
Maureen McDonald
Greg Kurstin

练习 6：信息层级的编辑与构建

注意主体文字排列的视觉语言与整体排版之间的逻辑。小字部分按照内容合理分类、分组，中间的空白也形成了一定的节奏感。

主题：
This is Heaven
（如临天堂）

字体：
Minion Variable Concept

字号：
7pt

作者：
刘欣雪

选用练习 5 的一幅作品作为主体图形，最上层的文字使用了醒目的大字号，与下面紧密排列的文字形成对比，兼顾了文字信息的可读性和画面的视觉冲击力以及形式表达。

同种字体，两种字号

主题：
This is Heaven
（如临天堂）

字体：
Minion Variable Concept

字号：
117pt、7pt

作者：
刘欣雪

练习 6：信息层级的编辑与构建

利用“Gill Sans Ultra Bold Regular”和“Eras Bold ITC Regular”这两种字面较为相似的字体进行信息的组合和细微区分，形成具有可读性的画面。

不种字体，同种字号

主题：
Paris in the Rain
（雨中巴黎）

字体：
Gill Sans Ultra Bold Regular、Eras Bold ITC Regular

字号：
7pt

作者：
李敏源

注意补充的文字信息需要与视觉主体相互配合，使得画面完整的同时，也要考虑到信息的可读性。即使是相同字号的信息，也可以通过字距、断行等处理进行信息分类。

同种字体，同种字号

主题：
Paris in the Rain
（雨中巴黎）

字体：
Gill Sans Ultra Bold Regular

字号：
7pt

作者：
李敏源

练习 6：信息层级的编辑与构建

海报的主体图形由大小、疏密不同的歌名文字错落排版，形成女孩行走的动感效果。拉近主体，并在左下角用“Helvetica”字体、一种字号进行排版，用大小写、转行分节的方法，进行信息的分类从而建立阅读次序。

同种字体，两种字号

PRETTY GIRLS WALK

SINGER:
Big Boss Vette

GENRE OF SONG:
Rap/Hip Hop

RELEASE TIME:
2022.10.14

RECORD COMPANY:
Republic Records

LYRICIST | COMPOSER:
Diamond Smith
Lukasz Gottwald
Gamal “LunchMoney” Lewis
Theron Thomas
Rocco Valdes

主题：
Pretty Girls Walk
（佳人漫步）

字体：
Helvetica

作者：
刘俊潇

海报底部小字部分选用了“Franklin Gothic Medium”字体的两种字号进行信息排版，利用了大小对比进行主次信息的筛选和组织，而上部则利用同种字体不同字重、不同字号的组合形成层次感和形式感。

主题：
Paris in the Rain
（雨中巴黎）

字体：
Franklin Gothic Medium

作者：
李敏源

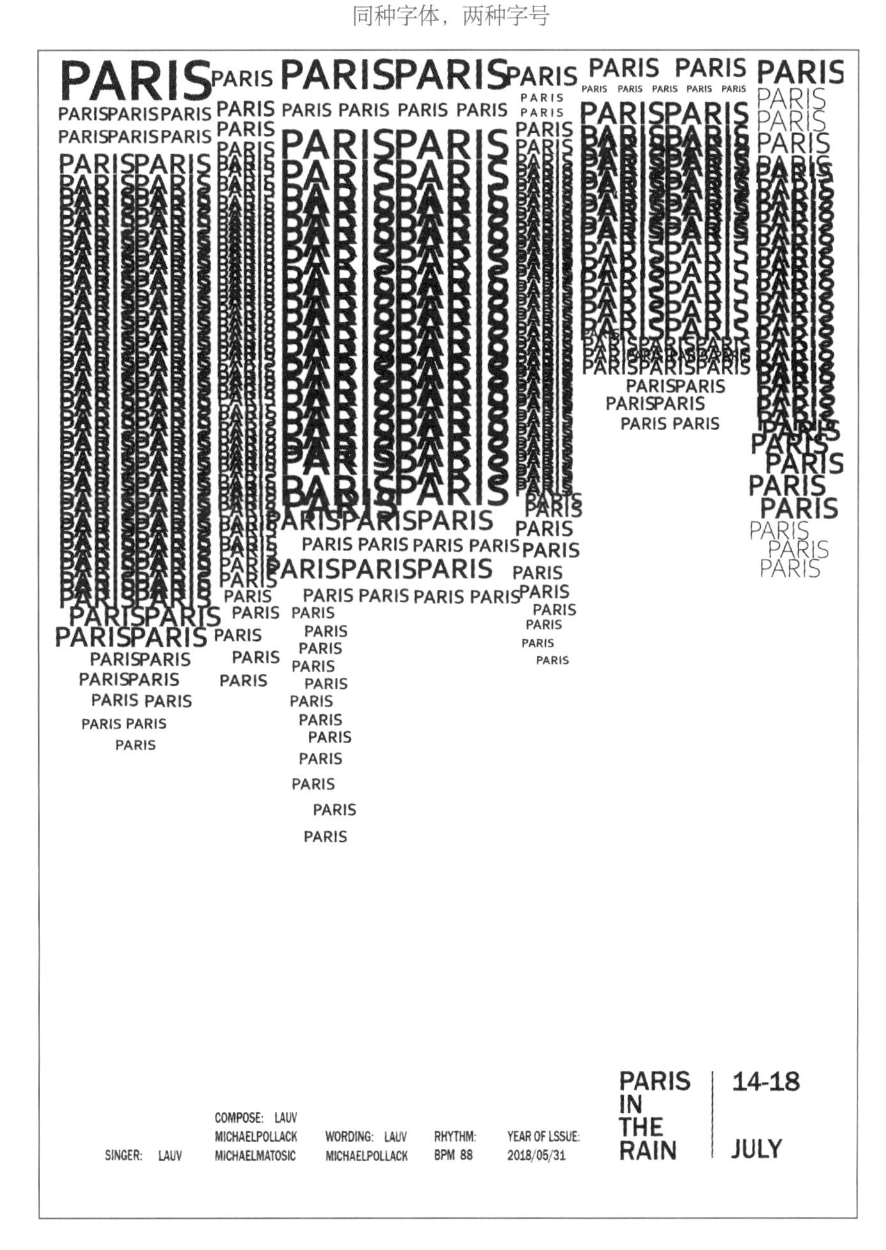

练习 6：信息层级的编辑与构建

将主体图形进行对角线式的构图，其他信息则用“Bodoni Moda”“Helvetica”这两种在字型上区别很大的字体的同种字号进行尝试，用不同的字体区别信息类别，在画面的丰富性和信息的可读性上取得平衡。

两种字体，同种字号

主题：
Pretty Girls Walk
（佳人漫步）

字体：
Bodoni Moda、Helvetica

字号：
30pt

作者：
刘俊潇

缩小主体的构图，用“Helvetica”这一种字体的两种字号进行尝试。将海报基础信息统一放在海报下部，并用较大字号的字体强调标题与时间信息，处理较为得当，无衬线字体使画面显得简洁而现代。

同种字体，两种字号

主题：
Pretty Girls Walk
（佳人漫步）

字体：
Helvetica

字号：
40pt、12pt

作者：
刘俊潇

练习 6：信息层级的编辑与构建

通过两种不同的字体，对信息进行分类、分级，注意两种字体选择要有明显的区别，同时要统一在同一版面。

两种字体，同种字号

主题：
Falling from the Sun
（从太阳坠落）

字体：
Helvetica glossy

字号：
78pt

作者：
吴颖晗

海报信息形成的曲线呼应原有图形的动态，版面和谐统一。

两种字体，两种字号

主题：
Falling from the Sun
（从太阳坠落）

字体：
Helvetica CE 55 Roman

字号：
9pt、30pt

作者：
吴颖晗

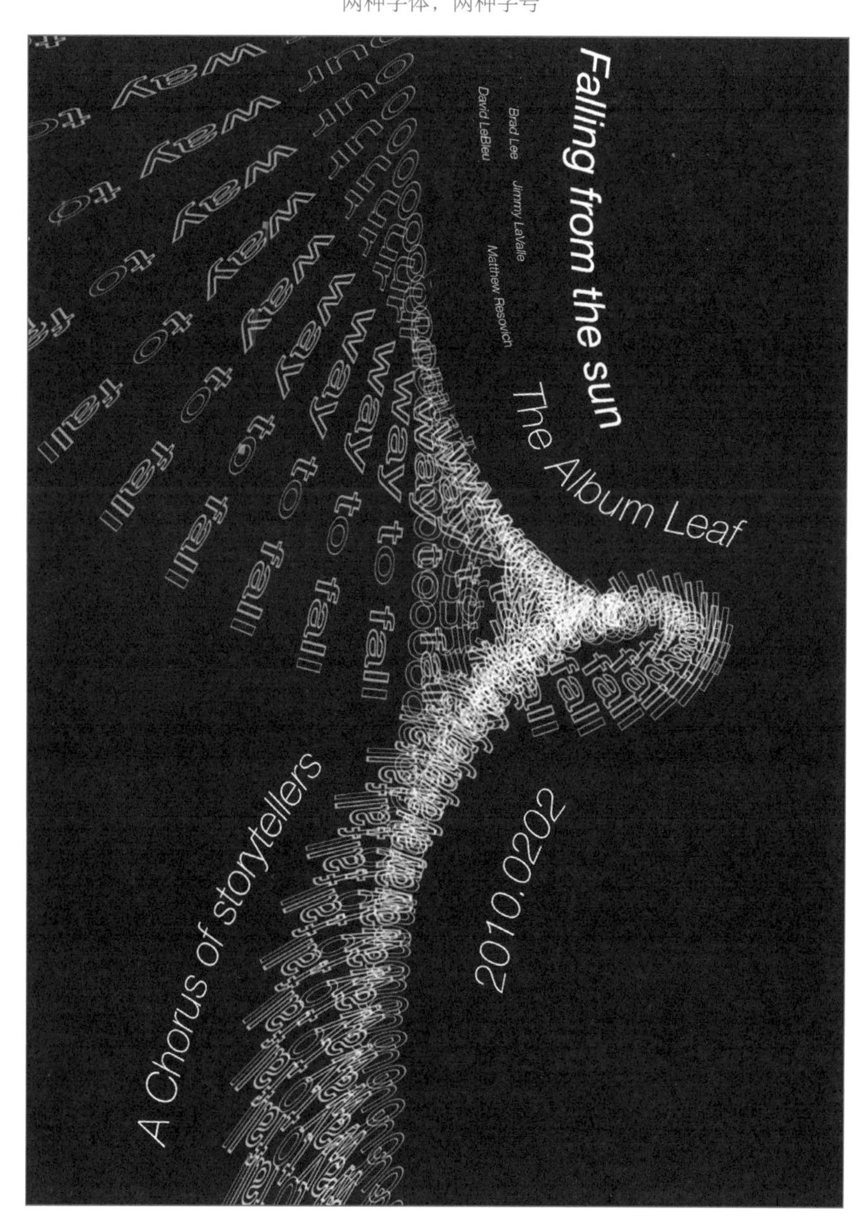

练习 6：信息层级的编辑与构建

用坠落的形式产生字母间空间交叉错落的位置关系，不同字重、大小和虚实处理的文字意在将信息分类，并形成节奏。

同种字体，三种字号

主题：
Falling from the Sun
（从太阳坠落）

字体：
Helvetica，coign

字号：
345pt、112pt

作者：
吴颖晗

注意处理文字排版的丰富性与可读性的关系，利用色彩区分必要信息与主题间的主次关系。

同种字体，同种字号

主题：
Catch My Breath
（屏息以待）

字体：
Helvetica

字号：
80pt

作者：
黄秋实

练习 6：信息层级的编辑与构建

同种字号的两种字体进行海报文字的排版，注意利用两种区别较明显的字体以区分信息种类，形成阅读引导。

两种字体，同种字号

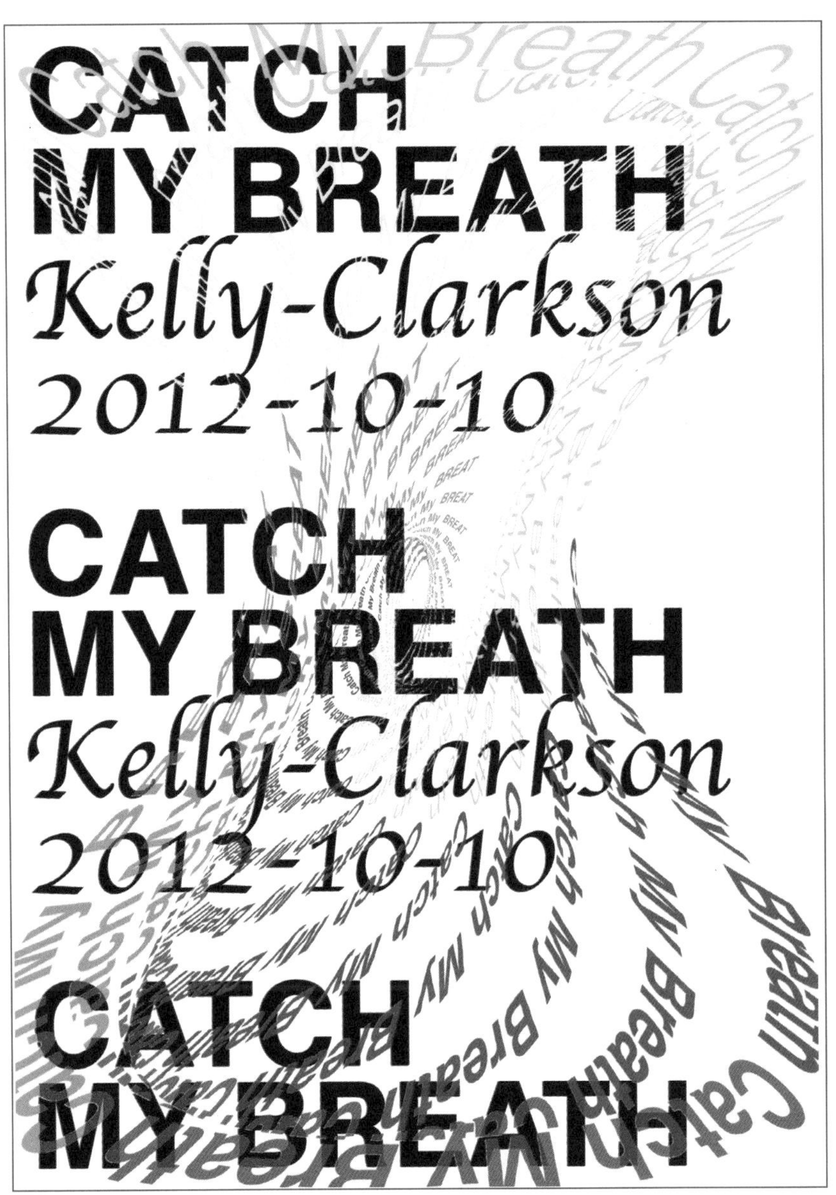

主题：
Catch My Breath
（屏息以待）

字体：
Helvetica、Apple Chancery

字号：
80pt

作者：
黄秋实

尝试将文字信息放在主体图形空白处的两侧，利用黑色与色彩的对比，凸显海报主题。只选用一种字体的两种字号，形成信息层级。

同种字体，两种字号

主题：
Catch My Breath
（屏息以待）

字体：
Helvetica

字号：
60pt、40pt

作者：
黄秋实

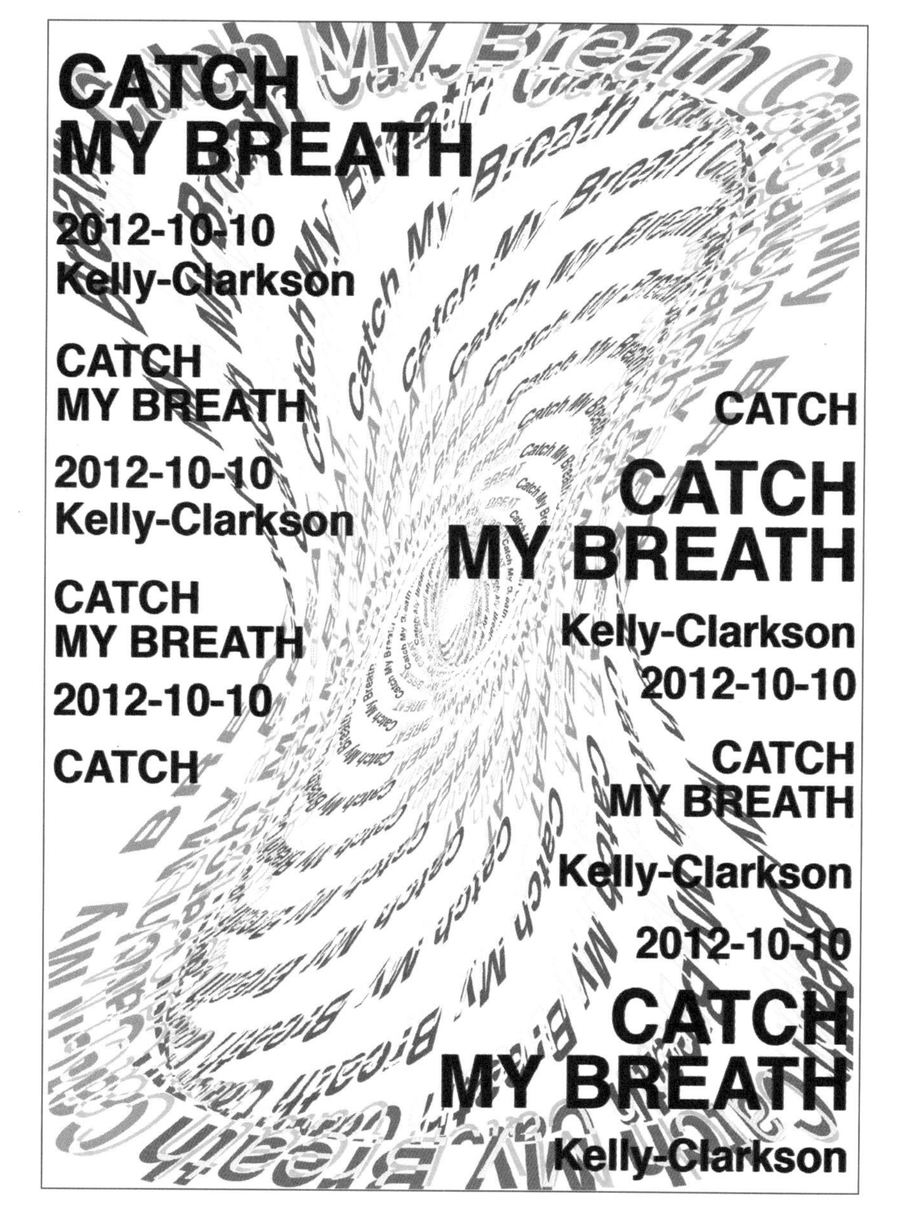

练习 6：信息层级的编辑与构建

运用 Processing 程序语言将歌曲中反复出现的歌词“I Like It”作为基本元素，重复排版构成玫瑰花的形象，表达歌曲的主题——歌颂爱情。其余信息则汇总排列，用统一字号、经典的无衬线字体“Helvetica”均匀排列于版面上部，复杂丰富的主体图形与简洁明快的文字信息形成对比。

同种字体，同种字号

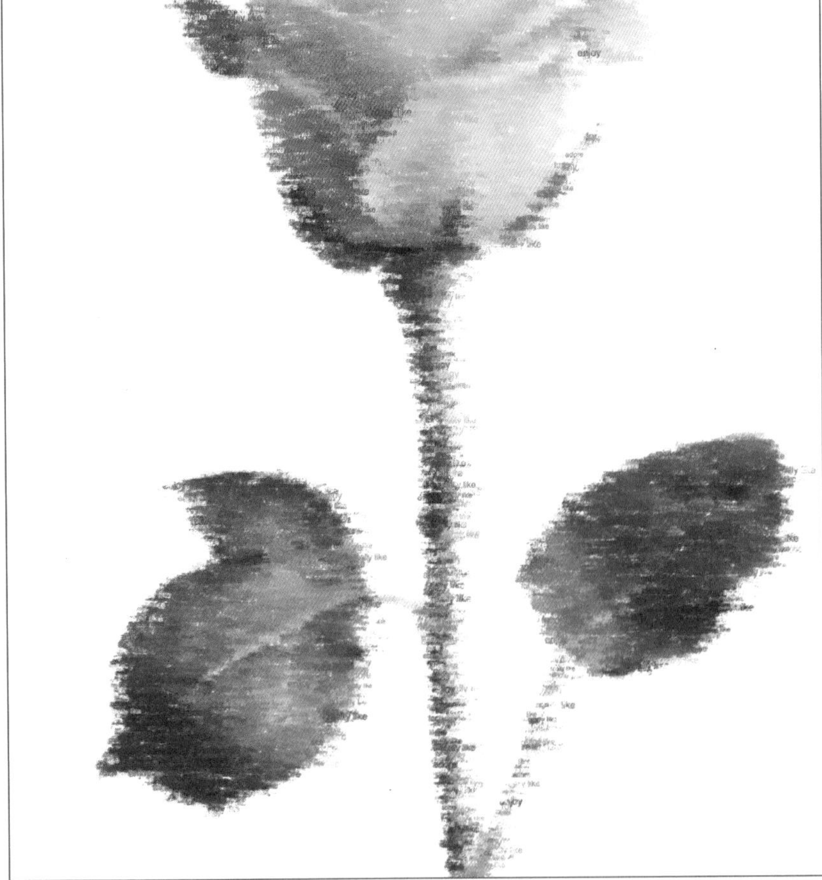

主题：
I Like It
（我喜欢它）

字体：
Helvetica

字号：
26pt

作者：
邹雅婧

用一种字体的同种字号进行排列，在色彩和阴影上形成区别，也能起到引导阅读的作用。

同种字体，同种字号

主题：
Catch My Breath
（屏息以待）

字体：
Helvetica

字号：
80pt

作者：
黄秋实

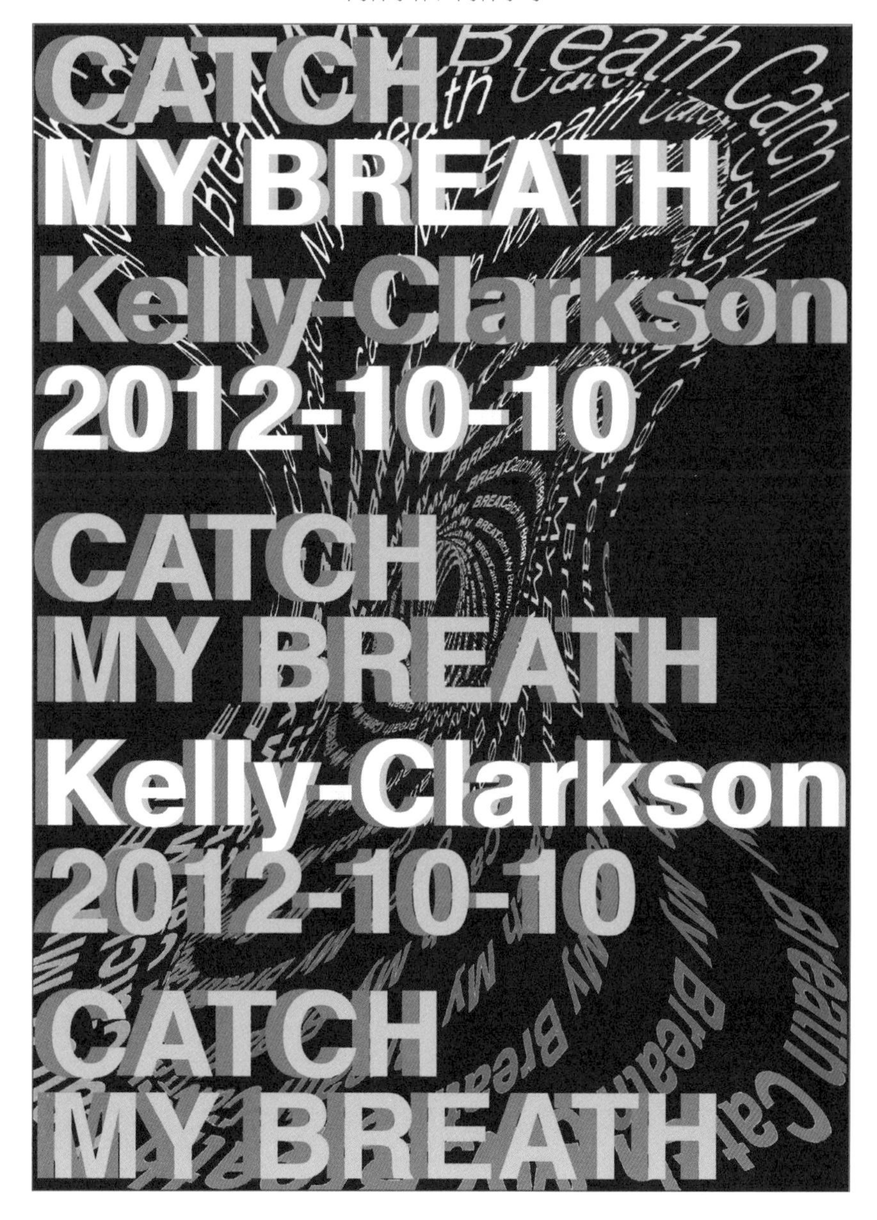

练习 7：信息层级的编辑与构建 + 抽象道具

用装饰性和仪式感的门的形象，将歌曲主题词排列其中，形成对称性的排版，传达天堂之门的内涵。

两种字体，同种字号

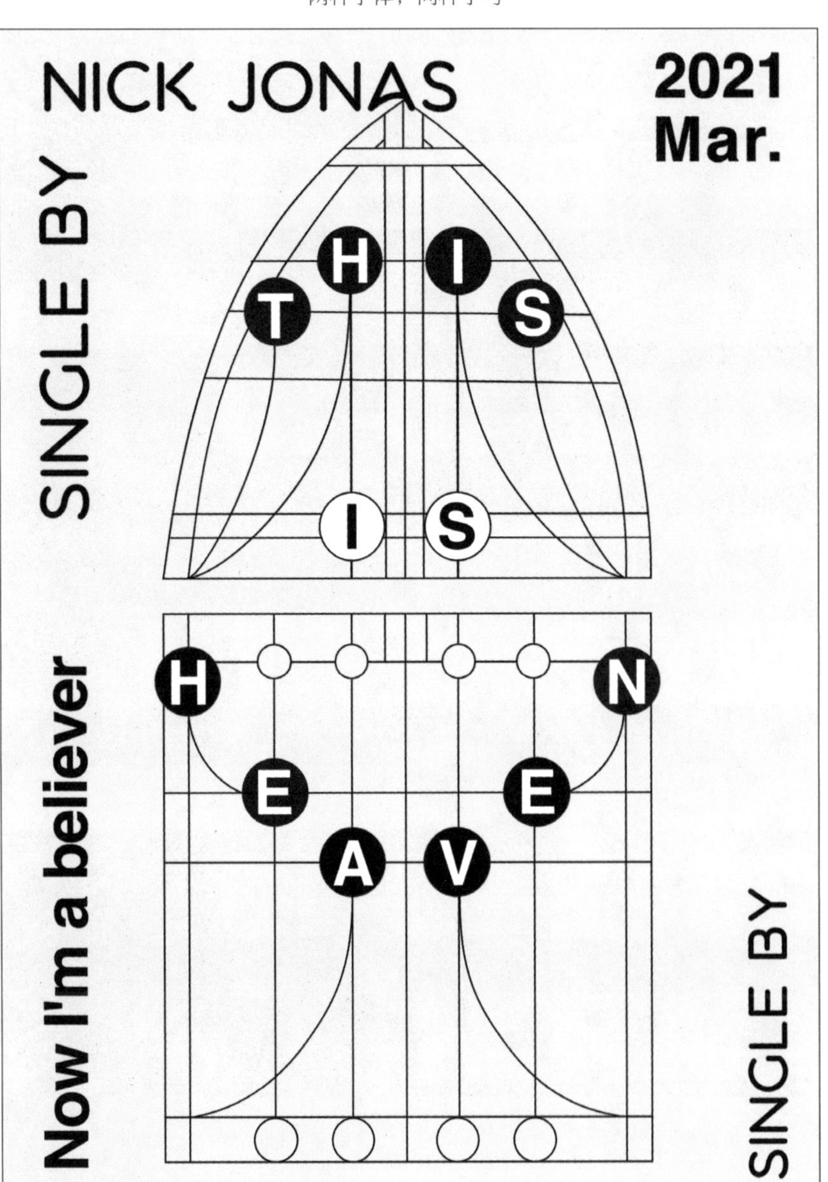

主题：
This is Heaven
（如临天堂）

字体：
Aquatico、
Helvetica

字号：
8.5pt

作者：
刘欣雪

以歌名作为基本元素，用不同的排列方式重复排列形成爱心形状和对角线式的构图，用以表达歌曲的主题。其他辅助文字用同种字体、同种字号分段落靠海报边缘对齐排列。注意画面空白的设置对视觉的引导和强调也起重要作用。

主题：
I Like It
（我喜欢它）

字体：
Helvetica

字号：
20pt

作者：
邹雅婧

同种字体，同种字号

练习 7：信息层级的编辑与构建 + 抽象道具

将文字放大，设计出具有未来感和悬浮感的半透明“X 光”的效果，并将其作为背景图形，展示音乐主题字体内在的秩序与构造，表现歌曲的节奏感。用两种字号区分信息的主次关系。

两种字体，两种字号

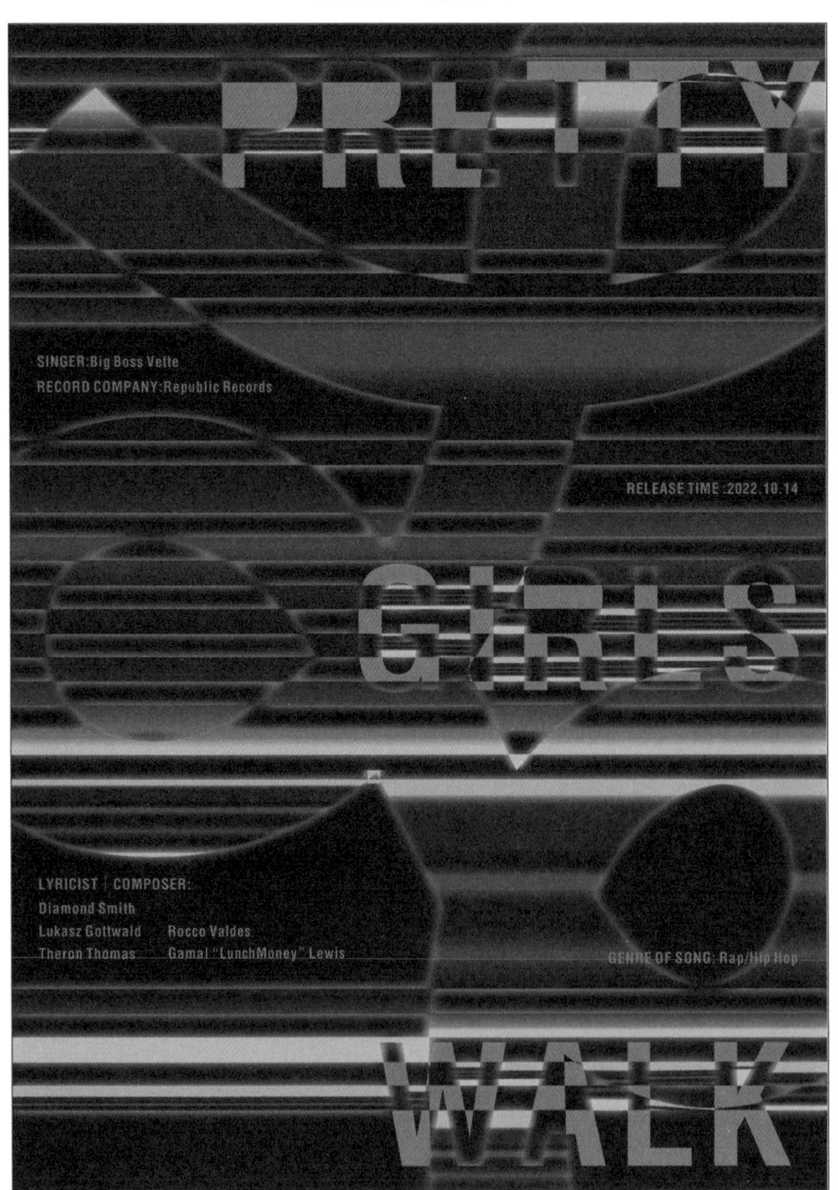

主题：
Pretty Girls Walk
（佳人漫步）

字体：
Helvetica
Condensed

字号：
132pt、11pt

作者：
刘俊潇

尝试围绕圆形标题，在其外部增加歌词，用歌词的阅读路径引导歌曲名称的阅读，以丰富画面。

其他尝试：同种字体，不同字号

主题：
This is Heaven
（如临天堂）

字体：
Helvetica

字号：
11pt、60pt、72pt

作者：
刘欣雪

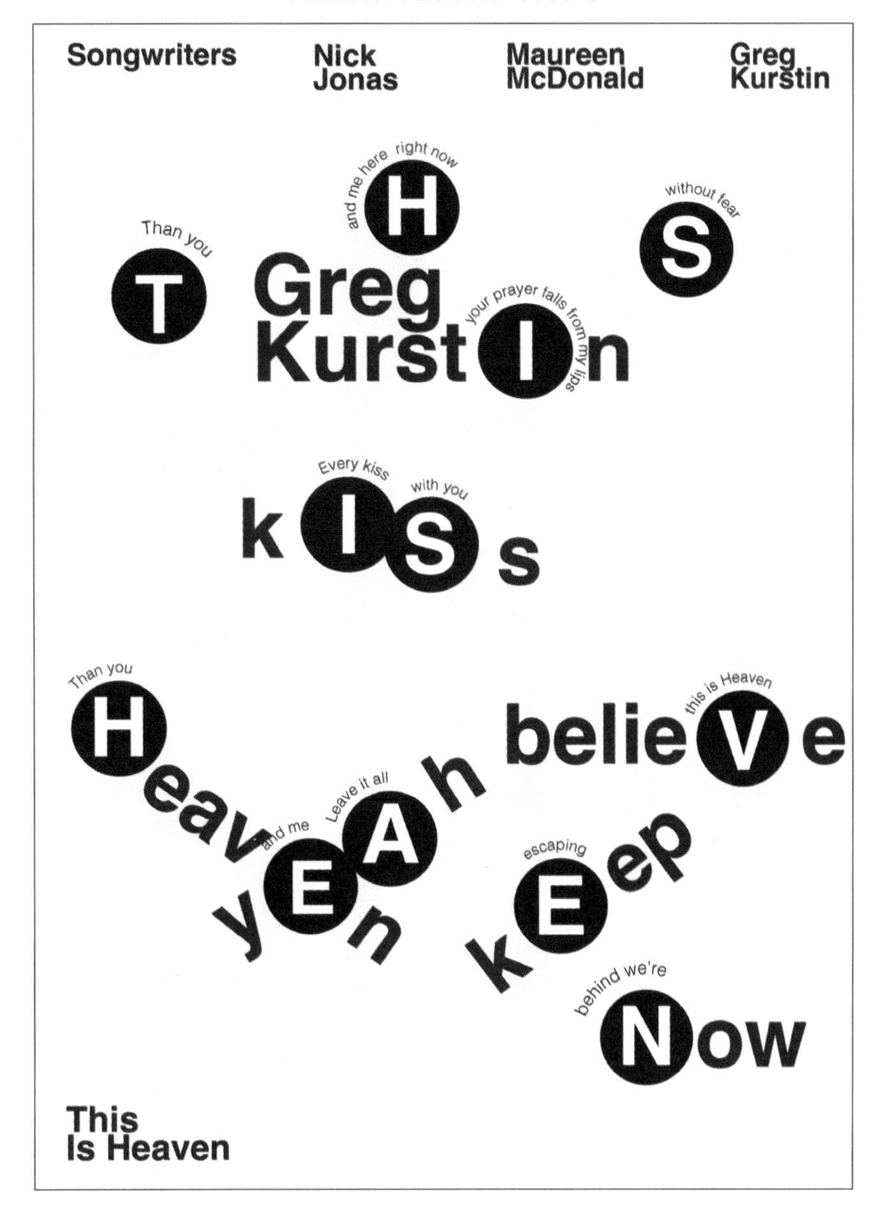

练习 7：信息层级的编辑与构建 + 抽象道具

将方向各异的字母错落排列在画面上的“黑白楼梯间”，由此表现女孩下楼行走的跳跃的动感，巧妙地诠释歌曲主题。

其他尝试

主题：
Pretty Girls Walk
（佳人漫步）

字体：
Bodoni Moda、
思源黑体

字号：
110pt、20pt

作者：
刘俊潇

主体图形用主题词设计出调频效果打破单调的节奏感，给字母赋予“Pretty Girls Walk”音乐的动势。辅助文字使用同种字号、无衬线的字体，与画面两端对齐，较为简洁、现代，与主体图形呼应。

主题：
Pretty Girls Walk
（佳人漫步）

字体：
思源黑体

字号：
41pt

作者：
刘俊潇

同种字体，同种字号

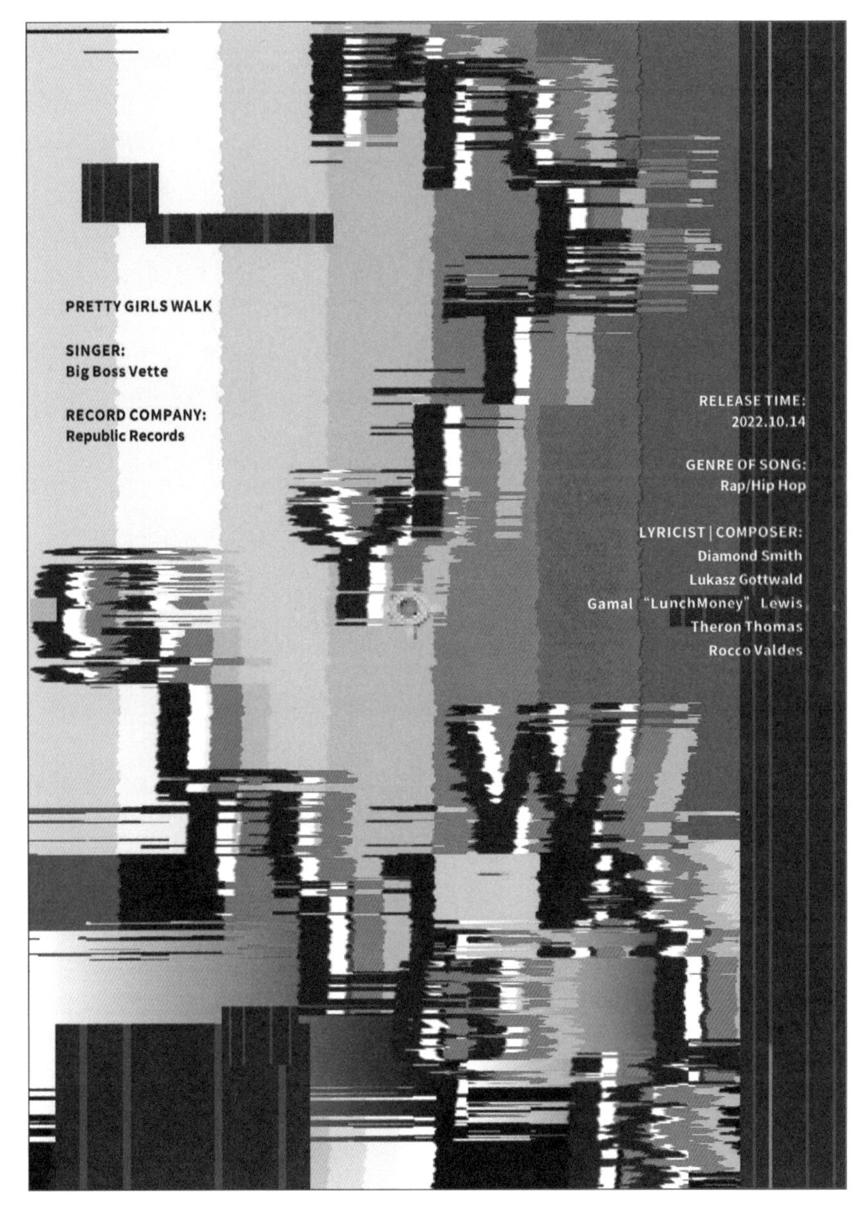

练习 7：信息层级的编辑与构建 + 抽象道具

用上下渐变发散的抽象竖线，构建出“发光”一样虚实相生的视觉感受，竖线呈向下坠落的动态趋势，巧妙地传达主题“Falling from the Sun”。

同种字体，两种字号

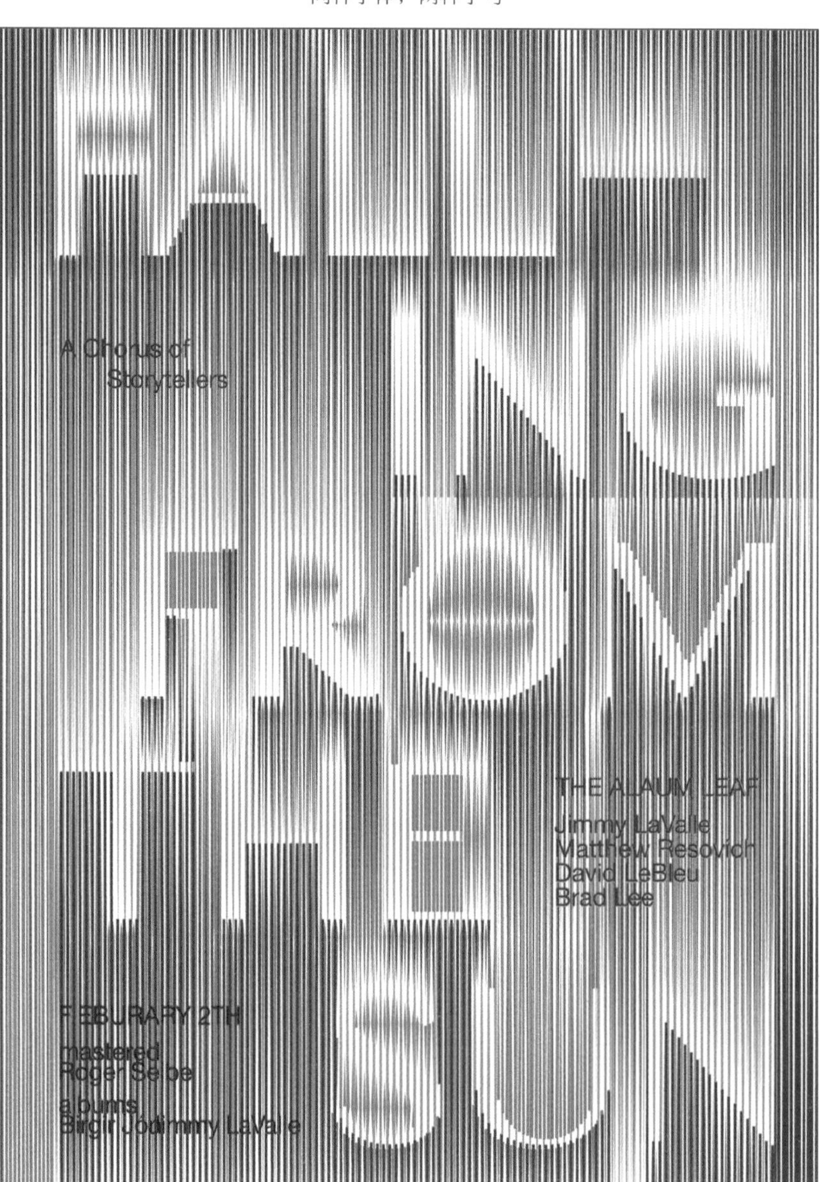

主题：
Falling from the Sun
（从太阳坠落）

字体：
Helvetica CE 55 Roman

字号：
150pt、18pt

作者：
吴颖晗

字块剪辑出不同时刻“Pretty Girls Walk”的视觉画面，形成具有强烈动感和韵律的画面，试图以文字排版的形态表达歌曲的含义。

两种字体，同种字号

主题：
Pretty Girls Walk
（佳人漫步）

字体：
Futura、
Helvetica

字号：
20pt

作者：
刘俊潇

练习 7：信息层级的编辑与构建 + 抽象道具

注意运用文字的大小来区分信息块的内容，以便阅读。

同种字体，两种字号

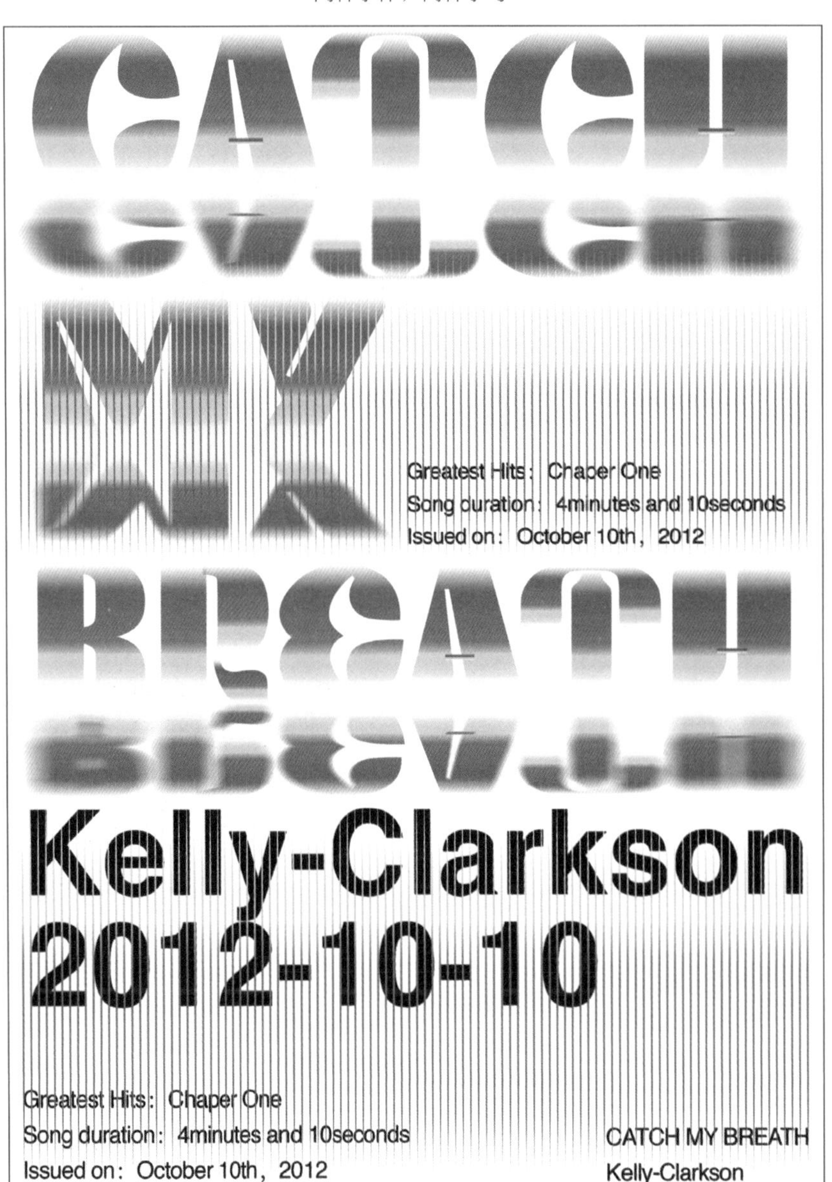

主题：
Catch My Breath
（屏息以待）

字体：
Helvetica Condensed

字号：
80pt、16pt

作者：
黄秋实

这里的抽象道具延伸为文字块的流动与形变，文本被分割、拉扯变形为两个空间，使画面产生液体流过的视觉效果。

两种字体，同种字号

主题：
Falling from the Sun
（从太阳坠落）

字体：
Helvetica CE 55 Roman
Palatino

字号：
24pt

作者：
吴颖晗

“ FAL[illegible]
FR[illegible]
TH[illegible]SUN
“ THE [illegible]AUM LEAF
Jimm[illegible]aValle
Mat[illegible] Resovich
Dav[illegible]eBleu
Bra[illegible]ee

If the[illegible]y is bu[illegible]ing,
when [illegible]e clou[illegible] move in
We co[illegible] so clos[illegible]
when [illegible] just mis[illegible]
We ca[illegible] see the st[illegible]
we ca[illegible] hide the end
Find [illegible]r way to fall
Find [illegible] way to fall
Find [illegible] way to fall
Find o[illegible] way to fall
I can't s[illegible]
I can't find [illegible]een,
We come so cl[illegible]ed
when we just [illegible]
Find our way to [illegible]
Find our way to [illegible]
Find our ways
to find our way
Find our way to fa[illegible]
We can't see the st[illegible]
We can't hide the e[illegible]
When the sky is burn[illegible]

if the clouds move in
Find our way to fall
Find our way to fall
Find our ways
[illegible] find our way
[illegible]d our way to fall
A[illegible] here we are,
loc[illegible] together
And [illegible]re we are,
falling [illegible]n the sun
And here [illegible] are,
locked to[illegible]er
Find our [illegible]s
to find ou[illegible]ay
Find our [illegible] to fall
Find our w[illegible]
to find our w[illegible]
Find our way [illegible] fall
Find our wa[illegible]s
to find our w[illegible]
Find our way [illegible]all
Find our ways
to find our w[illegible]
Find our wa[illegible] fall

“ A CHORUS
OF STOR[illegible]LER
02.02.2010
“ mastered
Roger Sei[illegible]
albums
Birgir Jón Jimmy Valle

练习 7：信息层级的编辑与构建 + 抽象道具

将主题“Catch My Breath”重复排列，形成三个首字母“C”“M”“B”的错落交织，以此形成底纹，再将黑色粗壮的无衬线字体作为主题信息进行排列。丰富的底纹与简洁的主体信息形成了对比。

其他尝试

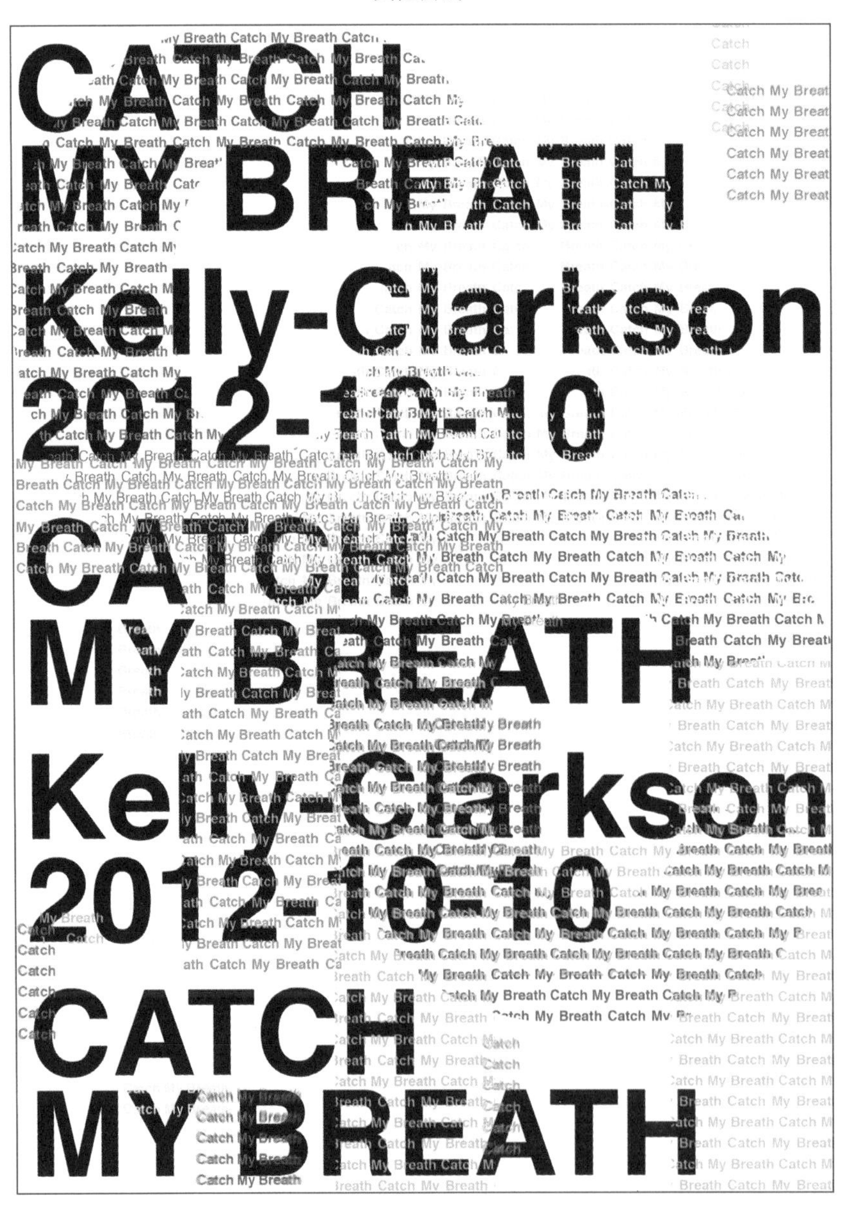

主题：
Catch My Breath
（屏息以待）

字体：
Helvetica

字号：
89pt、76pt

作者：
黄秋实

在纯文字版面的基础上，尝试加入抽象图形，用同种字体、同种字号排版辅助信息。

注意运用空白来强调和区隔信息块，相同的字体和字号使海报具有良好的统一性。

同种字体，同种字号

主题：
Catch My Breath
（屏息以待）

字体：
Helvetica

字号：
59pt

作者：
黄秋实

练习 7：信息层级的编辑与构建 + 抽象道具

以歌曲中反复出现的歌词文字作为基本单元，运用 Processing 编程软件，生成文字构成的“玫瑰花”，结合新艺术运动风格的信息排版，与歌曲浪漫的氛围相契合。

同种字体，其他尝试

主题：
I Like It
（我喜欢它）

字体：
Antiga

字号：
26pt、35pt、97pt

作者：
邹雅婧

运用明显不同的两种字体，来区分不同种类内容的信息，对比色位置重叠与火焰般形状的文字组成海报的主体图形，模拟扼住咽喉的窒息感和恍惚感。

两种字体，同种字号

主题：
Catch My Breath
（屏息以待）

字体：
Helvetica、Apple Chancery

字号：
90pt

作者：
邹雅婧

练习 7：信息层级的编辑与构建 + 抽象道具

用玫瑰花作为主体，以玫瑰的曲线分割镜像的效果来传达歌曲的韵律和节奏。标题中将“L”加长形成半包围状，具有强烈的形式感。

同种字体，其他尝试

主题：
I Like It
（我喜欢它）

字体：
Dreadnoughtus

字号：
16pt 、30pt 、107pt

作者：
邹雅婧

使用歌名来形成曲线，穿过爱心图形，以此表达歌曲的内涵——将心与心连在一起，该形式符合歌曲的浪漫主题。

两种字体，同种字号

主题：
I Like It
（我喜欢它）

字体：
American Typewriter、
Minion Regular

字号：
65pt、10pt

作者：
邹雅婧

练习 8：自由版式设计

通过文字路径的串联与复制，叠加出“佳人漫步”的动态片段，表现音乐的节奏感和运动感。主题文字及信息文本的排列相对规整，与背景图形形成对比。

主题：
Pretty Girls Walk
（佳人漫步）

字体：
思源黑体

字号：
18pt 、96pt

作者：
刘俊潇

对重复排列的歌名进行分割镜像处理，从而形成玫瑰花的形象，与歌曲的浪漫主题相契合。

同种字体，其他尝试

主题：
I Like It
（我喜欢它）

字体：
Dreadnoughtus、
Neuvetica

字号：
12pt、16pt、106pt

作者：
邹雅婧

I LIKE IT–DEBARGE

R&B SOUL

"I Like It" was released in August 1982
and became the band's first huge hit,
peaking at number two on R&B chart
while crossing over to the pop chart,
where it peaked at number 31,

ALL THIS LOVE

best result they have ever had ,
helping to make their album go gold.
It has remained a covered track
in R&B and hip-hop music
since its release with some of its lyrics

AUG 20, 1982

interpolated or recalled in other songs.
The El-sung bridge,
"I like the way you comb your hair",
has been often repeated.

练习 8：自由版式设计

模仿刀锋裁切纸张的效果处理主体文字，在色彩上表现出更为丰富的效果，也用另一种方式传达“扼住我的咽喉屏息以待”的眩晕感和窒息感。

主题：
Catch My Breath
（屏息以待）

字体：
Helvetica

字号：
80pt

作者：
黄秋实

通过半调网屏将图像像素化，由此形成的画面具有灵动、欢快的视觉感受，传达歌曲的调性。文字分成两组分布在画面下部。

主题：
Pretty Girls Walk
（佳人漫步）

字体：
Bodoni Moda

字号：
42pt、12pt

作者：
刘俊潇

练习 8：自由版式设计

尝试用掉落的海报的形式来表现歌曲的寓意，背景用网的叠加来突出字体信息，尝试用一幅幅卷曲的海报寓意一个个随着时间推移逐渐逝去的爱情故事。铁丝网则隐喻被爱所困。

主题：
Rolling in the Deep
（在深海中翻滚）

字体：
Impact

作者：
张雪松

用实物材料制作出晕染效果，上下错落感的排版灵感来自于音乐的韵律，传达出歌词“从太阳坠落”“天空正在灼烧”的毁灭感。

主题：
Falling from the Sun
（从太阳坠落）

字体：
Helvetica CE 55 Roman
coign

作者：
吴颖晗

练习 8：自由版式设计

River（河流）是一首英文歌曲，海报用歌曲名称“River”展开，模拟河流中流动的波浪，表达“爱如流水”的歌曲内涵。

主题：
River（河流）

字体：
思源黑体

作者：
王丽媛

尝试用立体形式来表现歌曲的寓意。用各种颜色来表现爱情的美好，经历爱情会让人既有身处黑暗之中的时刻，也会有绚烂美好的曾经。

主题：
Rolling in the Deep
（在深海中翻滚）

字体：
Calibri

字号：
45pt、42pt

作者：
张雪松

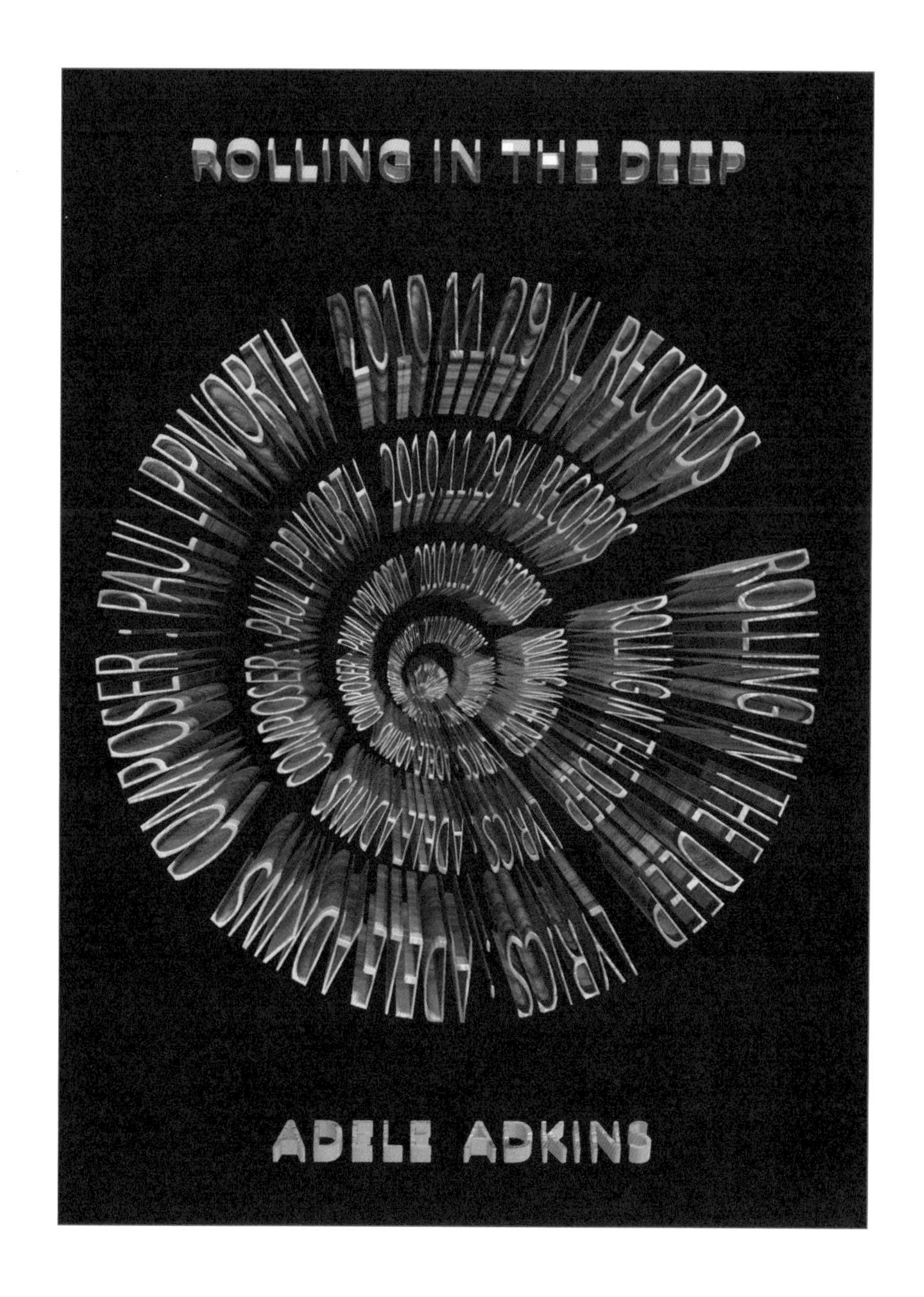

练习 8：自由版式设计

Infinity（无限）是一首爱情歌曲，用来表达永不止息的爱情，因此作者将“Infinity”作为设计主题，渐变延伸的圆形表达爱情的无穷尽。

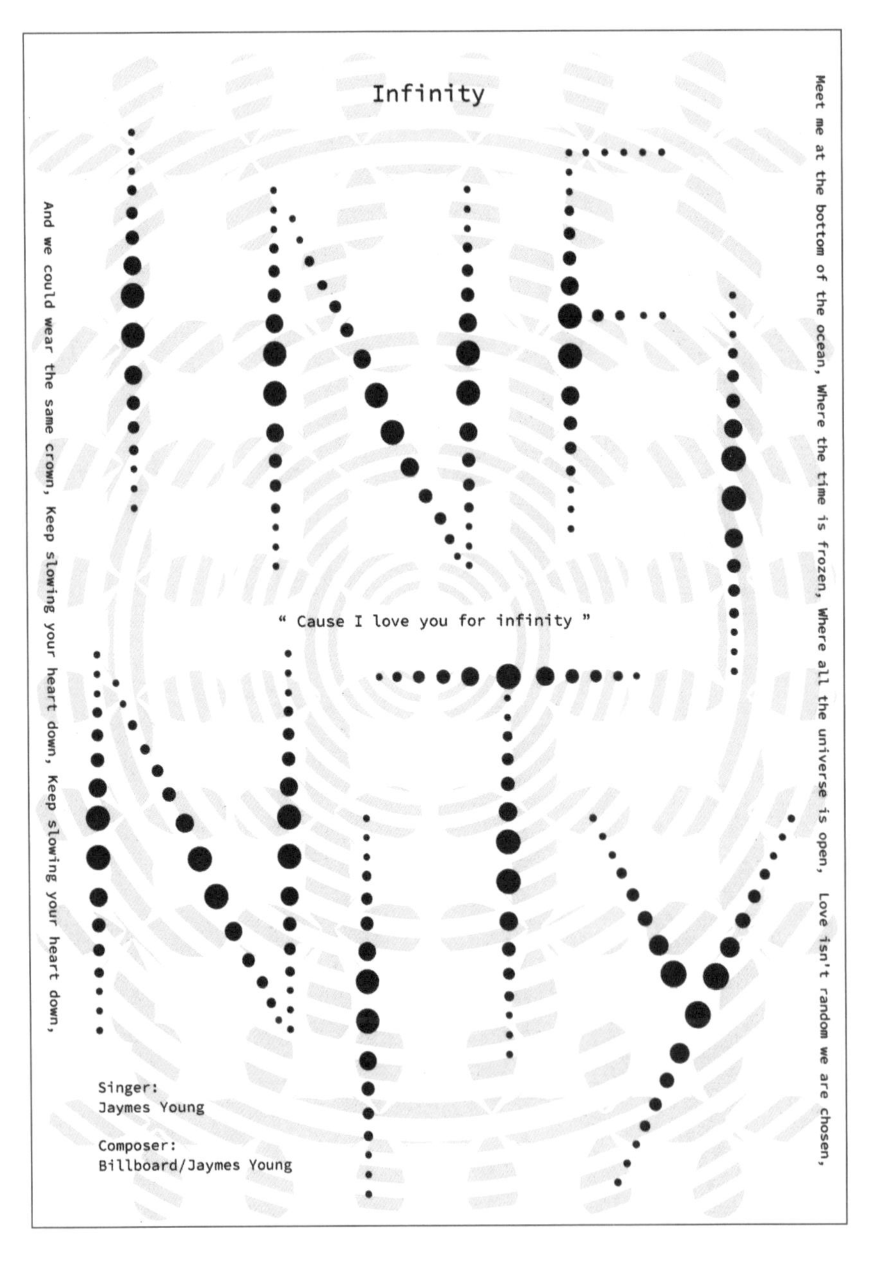

主题：
Infinity（无限）

字体：
Source Code Variable Italic

字号：
14pt、16pt、24pt

作者：
徐含笑

参考文献

DAMIEN C，GAUTIER. Design，Typography etc-a handbook[M]. New York：Niggli Verlag，Cooper Hewitt，Smithsonian Design Museum，2016.

DAMIEN G，CLAIRE G. Design，Typography Etc.：A Handbook[M]. Salenstein：Niggli，imprint of Braun Pubilishing AG，2018.

Graphic 社编辑部，叶忠宜 . TYPOGRAPHY 字志 Issue 01-05[J]. 台北：脸谱出版社，2016-2019.

RICHARD F，CHRISTINE G，RENATA M，et al. Satztechnik und Typografie[M]. Bern：Comedia-Verlag Bern，2000.

ROB C，BEN D，PHILIP B. M. Typographic Design：Form and Communication[M]. 6th ed. New Jersey：Wiley & Son，Inc.，2015.

阿历克斯・伍・怀特 . 字体设计原理 [M]. 徐玲，尚娜，译 . 上海：上海人民美术出版社，2006.

埃米尔・鲁德 . 文字设计 [M]. 周博，刘畅，译 . 北京：中信出版社，2017.

白井敬尚，张弥迪 . 排版造型 白井敬尚——从国际风格到古典样式再到 idea[M]. 刘庆，译 . 长沙：湖南美术出版社，2021.

高冈昌生 . 西文排版：排版的基础和方式 [M]. 刘庆，译 . 北京：中信出版社，2016.

汉斯・鲁道夫・波斯哈德 . 版面设计网格构成 [M]. 郑微，杨翕丞，王美苹，译 . 上海：上海人民美术出版社，2020.

赫尔穆特・施密德 . 今日文字设计 typography today[M]. 王子源，杨蕾，译 . 上海：上海人民美术出版社，2020.

加文・安布罗斯，保罗・哈里斯 . 版式设计 [M]. 庄雅晴，译 . 台北：原点出版社，2019.

加文・安布罗斯，保罗・哈里斯 . 国际经典字体设计教程：字体设计基础 [M]. 王村杏，译，北京：电子工业出版社，2014.

克里斯托巴尔・埃内斯特罗萨，劳拉・梅塞格尔，何塞・斯卡廖内 . 如何创作字体　从草图到屏幕 [M]. 黄晓迪，译 . 北京：中信出版社，2019.

路易斯・布莱克威尔．百年字记——20 世纪以来西文字体设计 [M]. 杨扬，译．南京：江苏凤凰科学技术出版社，2018.

塞勒斯・海史密斯（Cyrus-highsmith）. 图解欧文（INSIDEPARAGRAPHS: Typographic Fundamentals）[M]. 牛子齐，译：台北：脸谱出版社，2017.

尤斯特・侯克利．欧文排版细部法则（Detail in Typography）[M]. 吕奕欣，译．台北：脸谱出版社，2020.

约翰娜・德鲁克，埃米莉・麦克瓦里什．平面设计史：一部批判性的要览（第二版）[M]. 黄婷怡，缪智敏，邝惠仪，等译．南宁：广西美术出版社，2017.

约瑟夫・米勒・布罗克曼．平面设计中的网格系统 [M]. 徐宸熹，张鹏宇，译．上海：上海人民美术出版社，2022.